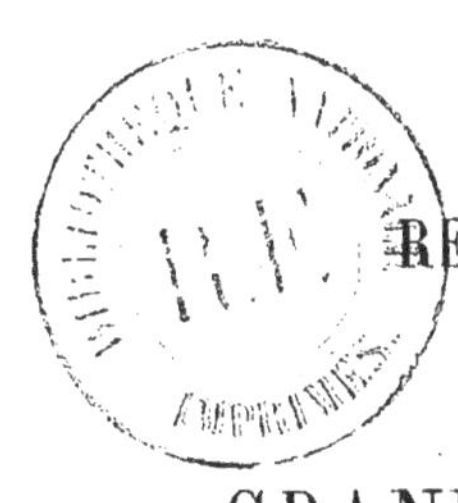

RECHERCHES ANATOMIQUES

SUR LA

GRANDE DOUVE DU FOIE

(DISTOMA HEPATICUM)

DU MÊME AUTEUR

Des Trématodes parasites des Grenouilles. (*Bulletin de la Société d'études scientifiques du Finistère*, 1880.)

De la Recherche et de la détermination des Polypes hydraires. (*Id.*, 1880.)

Sur une Forme nouvelle d'organe segmentaire chez les Trématodes. (*Comptes rendus des séances de l'Académie des sciences*, XCII, n° 8, p. 420, 1881.)

Recherches sur la structure du Distoma hepaticum. (*Bulletin de la Société des sciences de Nancy*, 1881.)

Sur quelques particularités de l'accouplement des Batraciens anoures. (*Bulletin de la Société d'études scientifiques du Finistère*, 1882.)

RECHERCHES ANATOMIQUES

SUR LA

GRANDE DOUVE DU FOIE

(DISTOMA HEPATICUM)

PAR EUGÈNE MACÉ

DOCTEUR EN MÉDECINE

PARIS

G. MASSON, ÉDITEUR

Libraire de l'Académie de médecine

BOULEVARD SAINT-GERMAIN ET RUE DE L'ÉPERON

EN FACE DE L'ÉCOLE DE MÉDECINE

1882

AVANT-PROPOS

Ces recherches ont été commencées en juillet 1880. Elles nous avaient déjà donné d'excellents résultats, lorsque parut, en novembre de la même année, le beau mémoire de M. Sommer sur le même sujet. Nous voyant en désaccord avec ce naturaliste sur certains points et pensant qu'il en restait encore beaucoup à élucider, nous avons cru devoir continuer le travail commencé, sachant qu'il reste toujours quelque chose à glaner derrière les plus grands maîtres.

La tâche était difficile ; puissent nos lecteurs et nos juges nous en tenir compte.

Nous avons considéré comme une dette de reconnaissance d'offrir la dédicace de cet ouvrage à notre savant maître, M. Jourdain, en souvenir de l'enseignement qui nous a dirigé vers l'étude des sciences de la nature et en remercîment des conseils qu'il a toujours eu la bienveillance de nous donner depuis qu'il a quitté Nancy.

Nous prions notre président de thèse, M. le professeur Morel, et M. le professeur Bleicher, de l'École supérieure de pharmacie, qui dans cette circonstance, comme dans bien d'autres, ont mis largement à notre disposition leur temps et leur expérience, d'agréer l'expression de notre profonde gratitude.

Merci, enfin, à M. Paul Lebon, qui nous a aidé de si bonne grâce dans la longue bibliographie allemande.

Les principaux résultats nouveaux contenus dans ce travail ont été exposés à la Société des sciences de Nancy dans le courant du mois de mars 1881 ; c'est donc à cette date qu'il faut les rapporter. (Voir le *Bulletin de la Société des sciences de Nancy*, 1881.)

RECHERCHES ANATOMIQUES

SUR

LA GRANDE DOUVE DU FOIE

(DISTOMA HEPATICUM)

BIBLIOGRAPHIE

La grande Douve du foie est assurément un des Helminthes qui ont depuis longtemps excité l'intérêt et exercé la sagacité des curieux de la nature. Sa présence en grand nombre dans les conduits biliaires de plusieurs de nos herbivores domestiques, sa coïncidence avec un état diathésique particulier, très-manifeste, désigné sous le nom de cachexie aqueuse, hydroémie, pourriture, etc., et récemment, avec plus de raison, distomatose (1), son apparition, dans des cas peu nombreux il est vrai, chez l'homme, en ont fait un objet d'étonnement et de curiosité pour beaucoup, un sujet de recherches intéressantes pour quelques-uns. Aussi doit-on s'étonner de ne rencontrer dans beaucoup de traités spéciaux que des descriptions vagues et insuffisantes de ce dis-

(1) ZÜNDEL, *la Distomatose ou cachexie aqueuse du mouton ; sa nature, ses causes et les moyens naturels de la combattre.* Strasbourg, Fischbach, 1880.

tome, faites avec cette naïve confiance qui dénote l'absence de toute observation bien conduite et de connaissances zoologiques suffisantes.

Il n'est certainement pas à dire, qu'il n'y ait pas eu de progrès depuis le moment où le premier naturaliste décrivit cette espèce; mais sur ce point, comme sur bien d'autres dans les sciences, les progrès ont été lents, incertains, rétrogrades même, parce qu'ils étaient méconnus et que des hommes placés au premier rang appuyaient du poids de toute leur autorité des opinions erronées, émises par d'autres auteurs et qu'ils ne s'étaient pas donné la peine de vérifier.

Du reste, ce fait n'a pas de quoi nous surprendre. Pour classer les Helminthes, on s'en tint d'abord aux caractères extérieurs visibles à l'œil ou à de faibles grossissements. Les classificateurs d'alors, habitués à vivre au milieu de grandes collections, connaissant un nombre immense d'espèces par leurs travaux particuliers ou ceux de leurs devanciers, étaient certainement très-aptes à saisir les rapports d'après l'apparence seule de l'animal; mais on ne pouvait évidemment s'en tenir là. Il fallait pour donner à la classification des bases solides et aux descriptions la sanction définitive qu'elles doivent avoir, l'observation directe fournie par l'anatomie et l'histologie; il fallait de plus des expériences faites avec toute la rigueur de la méthode moderne. De même que les classifications linnéennes, fondées sur un très-petit nombre de caractères apparents, ne peuvent conduire à la connaissance complète des plantes, de même l'anatomie comparée, faite sans le secours des données histologiques et embryologiques, ne pouvait aboutir à la connaissance parfaite des êtres et de leurs organes telle que nous la comprenons aujourd'hui. Jusqu'il y a une vingtaine d'années, l'aspect extérieur des petits animaux, la forme apparente des organes des plus gros étaient le principal objectif des études anatomiques; la conformation intime, la structure histologique étaient regardées comme accessoires, je dirai même plus, souvent dédaignées. Quelques hommes seuls, qui avaient le privilége de devancer les idées de leur temps, qui possédaient une intuition presque naturelle des rapports des êtres, avaient laissé là des marques de leur patiente habileté et de leur grand savoir. Mais, peines perdues, ces faits nouveaux étaient comme oubliés, on s'en tenait toujours, par habitude sans doute pour ne pas dire par ignorance, aux résultats bien antérieurement acquis. Pour ne citer qu'un exemple, nous voyons un homme d'un grand nom en helminthologie, Diesing, dans son *Systema helminthum* en 1850, reculant d'un siècle, foulant aux pieds des observations antérieures certaines, persister à regarder les Cercaires comme des êtres parfaits, faire un ordre à part dans la classe des Vers pour ces larves de Trématodes et y introduire division sur division. Et des faits de ce genre se rencontrent à chaque pas dans l'histoire des animaux inférieurs.

Les progrès furent surtout sensibles du jour où l'histologie est venue prendre dans ces recherches la place qui lui était due, lorsque le perfectionnement de ses méthodes d'observation a permis de l'appliquer aux êtres situés très-bas dans la série. Ce n'est, en effet, que lorsque l'étude microscopique de tissus si délicats a été rendue facile par l'emploi de réactifs durcissants et colorants, qu'on a pu vérifier ce qui avait été avancé auparavant et préciser l'identité et le mode de composition d'un organe. Dans sa belle monographie des douves du foie (1), Mehlis en 1825, voyant les deux glandes en grappe, situées le long des côtés du corps du *Distoma hepaticum*, en communication avec les organes génitaux femelles contenant des œufs bien reconnaissables et croyant trouver un rapport entre leur grand développement et le nombre immense de ces derniers, en fit les ovaires de

____

(1) Mehlis, *Observationes anatomicæ de Distomate hepatico et lanceolato.* Gœttingen, 1825.

cette espèce. Sur son autorité nombre de savants, et particu-
liérement en France MM. Dujardin, Blanchard et Davaine,
l'admirent sans autre contrôle. Bojanus (1) cependant, dès
1821, avait bien connu le véritable ovaire, mais l'avait décrit comme formé de deux portions symétriques par rapport
à l'axe médian longitudinal et également développées, fait
qui est exceptionnel, l'ovaire étant presque toujours asymétrique. Ce n'est qu'une quarantaine d'années plus tard que
Leuckart vint, preuves en mains, réfuter l'opinion de Mehlis
et décrire l'ovaire asymétrique, avec ses ovules primitifs,
suivis jusqu'à la forme bien connue d'œufs parfaits (2).

Depuis ce moment, la connaissance des Douves s'est de
beaucoup approfondie; les travaux de Leuckart, de Stieda et
ceux plus récents de Sommer ont mis à jour bien des points
de leur organisation; ceux de Moulinié (3), de Willemœs-
Suhm (4) certaines probabilités de leur développement à
métamorphoses si compliquées. Malheureusement en France,
malgré l'intérêt tout particulier de ces études, malgré les
appels désespérés de l'agriculture, qui voit chaque année
tomber ses plus belles têtes de bétail sous l'influence d'une
maladie, contre laquelle nous ne pouvons encore presque rien, et qui demande à la science la grande inconnue de
ce problème, nous en sommes encore restés sur ce sujet au
mémoire de M. Blanchard, mémoire excellent, renfermant
beaucoup de détails d'une grande importance, mais consa-
crant d'anciennes erreurs et demandant de nouvelles recherches.

Nous ne voulons pas rapporter l'historique complet de la
connaissance de cette espèce, ni rappeler toutes les suppo-

(1) Bojanus, *Enthelminthica,* in *Isis* von Oken. 1821. Erster Band.
(2) Leuckart, *Die menschlichen Parasiten.* Erste Auflage. Erster Band. S. 558
et seq.
(3) Moulinié, *De la Reproduction chez les Trématodes endo-parasites.* (Extrait du tome III des *Mém. de l'Institut génevois,* 1856.)
(4) R. Willemœs-Suhm, *Zeitschrift für wissenchaftliche Zoologie,* XXIII, p. 339.

sitions et les erreurs qui ont eu cours au siècle dernier sur son compte; c'est une question qui présente peu d'intérêt maintenant et qui se trouve d'ailleurs suffisamment bien traitée dans les ouvrages spéciaux de Leuckart et de Davaine, auxquels nous renverrons le lecteur curieux de se renseigner sur ce point. Nous citerons seulement ici les mémoires qui renferment des détails intéressants sur son anatomie.

Les écrits du XVIIIe siècle et du commencement du XIXe, qui parlent de notre Douve, s'en tiennent à la simple description linnéenne et n'indiquent guère que les particularités les plus patentes de son genre de vie.

Gœze (1), dans son *Traité des vers intestinaux*, la décrit d'une manière très-superficielle, en la confondant, dans son genre *Planaria*, avec quelques-unes des planaires d'eau douce.

Zeder (2), qui donna une sorte de seconde édition de l'ouvrage de Gœze, a peu ajouté comme anatomie au premier texte; ses divisions générales sont toutefois beaucoup plus heureuses et plus naturelles. Il divise les Helminthes en cinq ordres : 1° les *Rundwürmer* (Nématoïdes); 2° les *Hakenwürmer* (Echinorhynques); 3° les *Saügwürmer* (Trématodes); 4° les *Bandwürmer* (Cestoïdes) et 5° les *Blasenwürmer* (Vers vésiculaires, Cysticerques). Cette classification est encore conservée de nos jours à part le dernier ordre, qui renferme les formes larvaires des Cestoïdes. Il y sépare les Distomes des Planaires et adopte la dénomination de *Distoma hepaticum* proposée par Abildgaard.

Avec Rudolphi, l'helminthologie entre dans une phase nouvelle. Dans son *Histoire des Entozoaires* (3), il reprend les

---

(1) Gœze, *Versuch einer Naturgeschichte der Eingeweidewürmer thierischer Körper. Mit 44 Kupfertafeln.* Blakenburg, 1782.

(2) Zeder, *Erster Nachtrag zur Naturgeschichte der Eingeweidewürmer von J. E. Gœze.* Leipzig.

(3) Rudolphi. *Entozoorum sive vermium intestinalium historia naturalis.* Amsterdam, 1808-1809.

cinq ordres créés par Zeder en leur imposant les noms de Nématoïdes, Acanthocéphales, Trématodes, Cestoïdes et Cystiques. Il traite assez longuement de l'organisation de ces vers en rappelant avec soin les observations de ses prédécesseurs.

Il ajoute cependant quelques points nouveaux; il a fort bien vu, par exemple, chez les Trématodes, que les mouvements sont dus à deux systèmes de fibres, les unes transversales, les autres longitudinales.

Quelques années plus tard (1814), Ramdohr (1) publia sur notre animal un mémoire, fait spécialement au point de vue anatomique. On pouvait déjà s'attendre à trouver, à cette époque, une étude plus sérieuse et plus approfondie. Ce ne sont au contraire que des observations mal faites et des suppositions mal fondées, ajoutées sans suite l'une au bout de l'autre.

Otto (2), en 1816, dans un mémoire sur le système nerveux des Helminthes, nous donne sur cet appareil du *Distoma hepaticum* quelques détails, peu précis, il est vrai, mais ayant au moins l'avantage de signaler ici un fait qui, jusqu'alors, n'avait été soupçonné par aucun observateur.

L'*Entozoorum synopsis* de Rudolphi (3) paru en 1819, riche en recherches bibliographiques et en descriptions de nouvelles espèces, ne nous donne aucun détail sur la grande Douve.

Bremser (4), dans son Traité des vers intestinaux, passe rapidement sur cette espèce, en insistant davantage sur sa voisine, *Distoma lanceolatum*, qu'il figure dans son atlas et qui à cette époque avait seule été rencontrée chez l'homme.

(1) RAMDOHR, *Anatomische Bemerkungen über den Egel in der Schafleber.* (*Magazin der Gesellschaft Naturforsch. Freunde zu Berlin*, 6. Jahrgang. 1814.)

(2) OTTO, *Ueber das Nervensystem der Eingeweidewürmer.* (Même revue, 7. Jahrgang. 1816.

(3) RUDOLPHI, *Entozoorum synopsis cui accedunt mantissa duplex et indices locupletissimi.* Berolini, 1819

(4) BREMSER, *Ueber lebende Würmer in lebenden Menschen.* Wien, 1819. Traduit en français par Gründler : *Traité zoologique et physiologique sur les vers intestinaux.* Paris, 1824.

Nous arrivons enfin aux œuvres helminthologiques de Bojanus (1). C'est réellement ici que commence l'anatomie exacte de ces vers. Après avoir fait une étude complète de l'*Amphistoma subtriquetum* Rud. de l'intestin du castor, il décrit et figure assez exactement le tube digestif et les organes génitaux du *Distoma hepaticum* et annonce le premier l'existence d'un appareil vasculaire formé d'un vaisseau longitudinal médian et d'un réseau répandu dans tout le parenchyme du corps. ·Pour ce naturaliste, comme pour ceux qui précèdent, le *Distoma lanceolatum* était la forme jeune du premier. Il est étonnant qu'un homme, ayant des connaissances aussi étendues que celles qu'avait Bojanus, ait contribué à propager une erreur aussi facilement reconnaissable.

Il était donné à Mehlis de renverser cette opinion et d'établir l'individualité de cette dernière espèce. Dans sa belle monographie des Douves du foie (2), il nous donne les résultats d'une série de recherches anatomiques sur les *Distoma hepaticum* et *lanceolatum*. Il décrit avec beaucoup de détails le tube digestif de ces deux espèces et représente assez exactement le système nerveux de la première.

L'éveil avait été donné; Laurer, dans sa thèse inaugurale sur l'*Amphistoma conicum* de la panse du bœuf (3), s'attacha surtout aussi au système nerveux qu'il décrivit avec soin. On pourrait croire qu'alors l'existence de ce système fut admise par tout le monde; cependant des savants très-recommandables se refusèrent à le reconnaître malgré des descriptions aussi complètes et révoquèrent en doute l'exactitude des observations de leurs prédécesseurs.

Il nous faut maintenant parcourir vingt années et arriver en 1845, pour avoir à citer un auteur qui s'est occupé du

<hr>

(1) Bojanus, *Enthelminthica*, in *Isis* von Oken. 1821.

(2) Mehlis, *Observationes anatomicæ de Distomate hepatico et lanceolato ad Entozoorum humani corporis illustrandum*. 1825.

(3) Laurer, *Disquisitiones anatomicæ de Amphistomo conico*. 1830.

Distoma hepaticum. A cette époque parut l'*Histoire naturelle* des Helminthes de Dujardin (1). Fruit de persévérantes recherches, fait avec une précision et une connaissance des choses de la nature, dont les travaux précédents de son auteur sur les êtres inférieurs étaient une garantie, ce livre eut de suite des hommes compétents les louanges et l'estime qui lui étaient dues. Malgré la nombreuse liste d'espèces qu'il faudrait y ajouter, malgré beaucoup d'inexactitudes relevées depuis, malgré le manque de tables analytiques, qui en rend l'emploi fort incommode, cet ouvrage est encore très-précieux aujourd'hui pour la détermination des espèces. On y trouve la description de près de 900 espèces, dont un grand nombre sont nouvelles pour la science. Le cadre de l'ouvrage ne permettant pas de longs détails sur chaque espèce, il fallait s'attendre à ne trouver qu'une courte description de notre Douve. L'extérieur est en général bien décrit; la disposition des différents organes laisse beaucoup à désirer. Dujardin se refuse à admettre le système nerveux décrit par Otto, Bojanus et Mehlis, croyant que ces auteurs ont décrit comme tel des brides fibreuses destinées à mouvoir le bulbe œsophagien. Il se méprend au sujet des ovaires et passe complétement sous silence l'appareil vasculaire.

La même année paraissait le *Manuel d'anatomie comparée* de Siebold (2). La grande autorité de son auteur en matière d'Invertébrés assurait le succès de cet ouvrage. On y trouve en effet un excellent résumé de tout ce qui avait été publié jusqu'alors sur les êtres inférieurs et principalement sur les Helminthes, et une discussion claire et méthodique des différentes opinions émises par les auteurs.

(1) DUJARDIN, *Histoire naturelle des Helminthes* (suites à Buffon). Paris, Roret, 1845.

(2) SIEBOLD und STANNIUS, *Lehrbuch der vergleichenden Anatomie. Wirbellose Thiere* von Siebold. Berlin, 1845. Traduit en français par Spring et Lacordaire. Paris, Roret, 1850.

— 11 —

Nous arrivons enfin aux études que M. Blanchard a publiées sur le *Distoma hepaticum,* dans son grand travail sur
l'organisation des Vers en 1847 (1). Ce mémoire renferme
une foule de détails très-importants sur l'anatomie de ces
êtres et des idées tout à fait neuves sur leur division en
groupes naturels. L'auteur y étudie différentes espèces de
Nématoïdes, de Cestoïdes et surtout de Trématodes et de
Turbellariés. Les Douves du foie y tiennent une large place.
Il décrit, dans les téguments du *Distoma hepaticum :* une
couche cuticulaire, une couche musculaire et une couche
fibreuse ; il a entrevu les écailles qu'il croit être de petits tubercules. Il représente le système nerveux, comme l'avait vu
Mehlis, en ajoutant cependant de petits ganglions de distance
en distance sur les troncs latéraux, ce qui n'est pas conforme à la vérité. Tout ce qui concerne l'appareil digestif est
exact. Il reconnaît dans l'appareil vasculaire, qu'il est arrivé
le premier à injecter, le tronc longitudinal médian, qui se
bifurque et donne naissance à un réseau serré, mais se refuse
à admettre l'existence du pore terminal. Pour lui les testicules ne forment qu'un seul tube enroulé un grand nombre de
fois ; il confond les ovaires avec les deux glandes accessoires. Les figures relatives à ces détails sont publiées en partie avec le mémoire, en partie dans l'atlas de la nouvelle
édition du règne animal de Cuvier (2).

En 1858, avec Walter, ces études prirent une direction
nouvelle. L'anatomie générale, en pleine prospérité dans les
recherches sur les animaux supérieurs, put être appliquée
avec fruit aux êtres situés plus bas dans la série. Dans un
mémoire très-estimé (3), Walter nous donne de nombreux

---

(1) BLANCHARD, *Recherches sur l'organisation des vers. (Ann. des sc. nat. Zool.,*
3ᵉ série, 1847. VII, p. 87 ; VIII, p. 119 et 271.)

(2) G. CUVIER, *le Règne animal distribué d'après son organisation.* Nouvelle
édition. *Zoophytes,* atlas, pl. 36

(3) WALTER, *Beiträge zur Anatomie und Histologie einzelner Trematoden.*
(*Archiv. für Naturgesch.,* von Wiegman. 1851. Bd. I.)

détails de structure sur les téguments, le système nerveux et surtout l'appareil vasculaire de *Amphistoma subclavatum*, de la Grenouille, *Distoma lanceolatum* et *hepaticum*.

Le *Traité des Entozoaires,* de Davaine (1), paru en 1859, ne nous présente absolument rien à citer sur le parasite qui nous occupe. Cette œuvre, assez complète au point de vue médical, laisse beaucoup à désirer en fait de données d'anatomie comparée. L'auteur s'est borné à copier les descriptions de Dujardin. En 1877 en parut une seconde édition. On devait naturellement s'attendre à trouver les détails de la structure et du développement modifiés et mis au courant des progrès de la science. Il n'en est rien. L'auteur, sans avoir l'air de connaître les travaux publiés depuis 1860, ni même les descriptions anatomiques si précises contenues dans le livre analogue de Leuckart, recopie textuellement les caractéristiques qu'il avait données dans sa première édition, oubli qu'on ne peut certainement ni excuser ni comprendre.

En 1863 parut en Allemagne le *Traité des parasites de l'homme,* de Rudolf Leuckart (2). Préparé par des études scientifiques sérieuses, ayant acquis une grande autorité par de nombreux travaux sur les êtres inférieurs, le professeur Leuckart était mieux à même que qui que ce soit de mener à bonne fin une entreprise aussi considérable. L'œuvre fut digne de son auteur. L'anatomie de notre Douve y est largement traitée. A côté des faits déjà acquis à la science, on y trouve un nombre considérable d'observations personnelles et d'idées originales. La cuticule, les écailles, les couches musculaires ont été bien décrites. Le système nerveux est exposé d'après Mehlis et Blanchard. Les descriptions de l'appareil digestif, le pharynx, les ventouses, l'appareil vascu-

______

(1) DAVAINE, *Traité des Entozoaires et des maladies vermineuses de l'homme et des animaux domestiques.* Paris, 1860. 2ᵉ éd., 1877.

(2) LEUCKART, *Die Menschlichen Parasiten und die von ihnen herrührenden Krankheiten.* 2 Bd. Leipzig und Heidelberg, 1863. 2ᵗᵉ Auflage. 1ˢᵗᵉ Lieferung, 1879. 1ˢᵗᵉ Auflage. I Bd. S. 530-584.

laire, sont remplis de faits nouveaux. Les organes génitaux enfin ont été l'objet d'études anatomiques approfondies. Il nous montre que la formation des ovules est bien localisée dans la glande en corne de cerf de Bojanus et que les deux glandes en grappe situées de chaque côté du corps ne donnent à l'œuf qu'un produit d'addition; que la coquille est formée par une glande située dans l'espace médian, au-dessous des sinuosités de l'oviducte; les différentes parties de l'appareil mâle sont aussi décrites avec soin. Le développement tient enfin une place importante.

Stieda (1) publia en 1867 une série d'études sur les Plathelminthes, où nous trouvons un mémoire spécial sur le *Distoma hepaticum*. L'auteur avait surtout en vue l'étude des organes génitaux et leur comparaison avec ceux du Botriocéphale, dont il s'était occupé précédemment. Aussi passe-t-il rapidement sur le reste. On n'y trouve comme fait nouveau que l'opinion que le vitelloducte commun émet dans la glande coquillère un canal latéral, qui, après un court trajet, va déboucher à la surface dorsale. Il lui attribue comme fonction de servir à l'expulsion du trop-plein du produit des glandes à vitellus. Plus tard, dans une nouvelle note (2), il le considère comme le vagin de la Douve.

Enfin, comme dernier travail à citer, nous avons la monographie de M. Sommer, parue à la fin de l'année 1880 (3). Connu déjà par ses beaux travaux sur les Cestoïdes (4), M. Sommer est resté à la hauteur de sa réputation en publiant ce mémoire, le plus important de beaucoup de tous

(1) Stieda, *Beiträge zur Anatomie der Plattwürmer. Anatomie des Distoma hepaticum*. (*Archiv für Anat. und Physiol.*, von Reichert und Dubois-Reymond. 1867.)

(2) Id., *Ueber den angeblichen inneren Zusammenhang der männlichen und weiblichen Organe bei den Trematoden*. Ibid., 1871, p. 31.

(3) Sommer, *Die Anatomie des Leberegels Distoma hepaticum. Zeitschrift für wiss. Zoologie*. 34. Bd. 1880.

(4) Sommer und Landois, *Beiträge zur Anatomie der Plattwürmer*. Ibid, 1872 et 1874.

ceux qui ont paru sur ce sujet. Après une revue bibliographique très-écourtée, puisqu'il se contente de citer le nom et le titre des travaux des principaux savants qui se sont occupés du même sujet, l'auteur nous renseigne sur les traits généraux du mode d'existence et l'aspect extérieur du corps du *Distoma hepaticum*. Il entre ensuite directement dans l'étude anatomique, en commençant par l'enveloppe protectrice de l'animal (*Rindenschicht*). Il distingue dans cette couche corticale, en procédant de l'extérieur à l'intérieur : une cuticule, formation amorphe, parcourue par un système de canalicules perpendiculaires à sa surface et s'ouvrant à l'extérieur par de petits pores; — une couche de grosses cellules granuleuses, sans membrane, auxquelles il attribue la fonction de produire la couche cuticulaire; — une couche musculaire formée de plusieurs systèmes de fibres; et enfin une couche cellulaire formée de gros éléments, ronds ou fusiformes, qu'il regarde comme des formations glandulaires déversant leur produit à l'extérieur par les prétendus pores de la cuticule. Il s'étend fort peu sur la structure du parenchyme dans lequel se trouvent les différents organes et admet avec Leuckart et Stieda qu'il est formé par un réseau de nature conjonctive, renfermant dans ses mailles de grosses cellules nues. Il passe à l'appareil digestif, qu'il décrit en grande partie d'après Leuckart; il mentionne la présence de globules sanguins du mouton dans son contenu et figure exactement l'épithélium qui revêt ses ramifications, mais se refuse à admettre la présence de fibres musculaires propres dans sa paroi, pensant que la progression du contenu alimentaire est due à la contraction des muscles du parenchyme. L'appareil vasculaire est exposé avec détails, il en figure le pore terminal tout à fait à l'extrémité postérieure et croit à l'absence de tout revêtement cellulaire interne et de terminaisons vibratiles. La partie la plus intéressante de son travail est certainement celle qui traite des organes génitaux et du mode de reproduction. Il était préparé par une étude approfondie des mêmes parties chez les Tænias et le Botriocéphale ; aussi trouvons-nous ici des comparaisons très-précieuses de ces organes chez ces trois genres de Plathelminthes. Il considère le cirre, non pas comme la partie terminale de l'appareil mâle, mais comme une partie commune aux organes mâles et femelles, un cloaque sexuel, se fondant sur ce que sa structure est fondamentalement la même que celle des téguments dont cette partie ne serait qu'une invagination. En commençant par l'appareil mâle, M. Sommer décrit avec soin la formation des Spermatozoïdes dans les cellules mères des tubes testiculaires. Jusqu'ici on avait considéré le sac du cirre comme une masse musculaire destinée à produire, en se contractant, la sortie du pénis et à aider à l'éjaculation ; il nous montre cet organe formé en grande partie de cellules arrondies, granuleuses, ayant tout à fait l'apparence de cellules glanduleuses. Aux données fournies par Leuckart et Stieda, sur l'ovaire et les vitellogènes, il ajoute le développement des corpuscules produits par ces dernières glandes ; il décrit ensuite le tube oviducal et la masse glandulaire assez complexe qui se trouve à son origine, nommée glande coquillère par Leuckart, qui sécrète un produit concret formant la coquille de l'œuf. Les œufs, contenus dans l'utérus, sont étudiés avec soin et suivis dans les différentes phases de leurs premiers développements, depuis l'état d'ovules primitifs, sortant du germigène à son arrivée dans la glande coquillère, jusqu'à celui d'œufs parfaits. Enfin, s'appuyant sur les données anatomiques et remarquant surtout la trop grande disproportion entre le cirre et les canaux, qu'on regardait comme vagin (partie terminale de l'utérus, canal de Laurer), l'auteur rejette l'idée de la copulation et accepte, comme fait normal, l'auto-fécondation déjà admise par lui chez les Tænias. A la fin du mémoire vient un court article sur le système nerveux, où M. Sommer décrit, en plus que les auteurs qui l'ont précédé, une masse ganglionnaire, située à la partie inférieure du pharynx, reliée par deux commissures aux centres supérieurs.

Pour se faire une idée générale de l'organisation d'une Douve, les préparations d'individus entiers sont nécessaires; après les avoir déshydratés dans l'alcool absolu, on les plonge dans l'essence de girofle ou la créosote; lorsqu'ils sont devenus transparents, on les monte dans du baume du Canada amené, par addition de chloroforme, à la consistance d'un sirop épais. On peut au préalable les colorer en les laissant pendant une journée dans une solution assez chargée de picro-carmin. Le baume a le désavantage de donner des préparations trop transparentes; la glycérine, malheureusement, n'éclaircit pas assez des objets aussi épais. Mais il est indispensable, pour étudier la structure intime des organes, de faire, sur des Douves préalablement durcies, des coupes minces longitudinales, transversales ou tangentielles. Du reste ces espèces se prêtent fort bien à ce genre d'investigation. Grâce à l'élasticité de leurs téguments, on en obtient facilement des coupes suffisamment minces pour être examinées à de forts grossissements. Stieda donne de beaucoup la préférence aux coupes longitudinales, les regardant comme beaucoup plus instructives que les autres. Certaines, en effet, les plus voisines de la ligne médiane, sont intéressantes à cause du nombre et de l'importance des organes à travers lesquels elles passent; mais bien des coupes transversales sont aussi fort instructives, et les coupes tangentielles de la partie antérieure sont d'une utilité incontestable pour l'étude du système nerveux.

Avant tout il faut durcir l'objet que l'on veut débiter en coupes. La plupart des procédés habituels sont applicables ici. L'acide chromique à $\frac{3}{1000}$, l'acide picrique dissous dans de l'alcool à 95° et la liqueur de Muller nous ont donné d'excellents résultats; mais nous nous en sommes presque exclusivement tenus à deux réactifs, dont l'action est beaucoup plus rapide, presque immédiate, l'alcool absolu et l'acide osmique à $\frac{1}{200}$ ou à $\frac{1}{1000}$. Pour obtenir de belles pièces, il faut prendre les Douves une par une, les mettre dans un godet de porcelaine et attendre qu'elles s'aplatissent bien, on verse alors rapidement dessus une certaine quantité d'alcool absolu ou de la solution osmique à $\frac{1}{1000}$, ou seulement quelques gouttes de la solution à $\frac{1}{200}$. L'animal ne fait que quelques petits mouvements et se trouve fixé dans une position convenable. Si l'on jette au contraire les Douves dans un flacon plein d'alcool absolu ou de solution osmique à $\frac{1}{1000}$, elles se tortillent en tous sens et meurent dans cet état, on ne peut alors les étendre sans les rompre. Les Douves durcies à l'acide osmique doivent être retirées de la solution et mises dans de l'alcool fort lorsqu'elles prennent une teinte gris foncé.

L'acide osmique présente sur l'alcool absolu l'avantage de ne pas contracter si fortement les tissus, celui de colorer les globules des vaisseaux superficiels et enfin, surtout, de fixer les cellules du parenchyme.

Pour monter dans le microtome les Douves durcies, nous nous sommes servis avec avantage de gomme arabique additionnée d'un peu de glycérine. L'objet est placé entre les deux parties d'une moelle de sureau enduite de la masse sirupeuse ; on entoure le tout d'un fil légèrement serré et on le plonge dans de l'alcool fort ; la gomme se précipite en une masse rendue moins cassante par la glycérine.

Pour les coupes longitudinales, qui, étant d'habitude très-grandes, se contournent en tous sens, il est avantageux de se servir du collodion comme masse à inclure. On applique au pinceau plusieurs couches de collodion non riciné sur les deux faces de la Douve, jusqu'à ce qu'on ait une masse assez volumineuse pour la monter dans le microtome en suivant les procédés ordinaires. Le collodion se coupe avec la pièce et reste adhérent à la préparation en l'empêchant de se contourner. Malheureusement il ratatine beaucoup les couches superficielles.

La meilleure des masses à inclusion, celle qui nous a servi pour les coupes tangentielles, est la masse au savon, dont l'emploi a été indiqué par Flemming (1). On râpe du beau savon transparent à la glycérine et on le verse dans de l'alcool à 95°, maintenu au bain-marie à une température de 60 à 70 degrés. On prend à peu près deux ou trois parties de savon pour une d'alcool. Au bout de peu de temps, le tout fond en une masse jaune transparente qui se solidifie assez vite à l'air. S'il se produit de l'écume, il faut avoir soin de l'enlever avec une baguette de verre. On taille alors dans du carton une petite boîte parallélipipédique que l'on consolide en l'entourant d'un fil. On y verse une certaine quantité de la masse fondue, et, lorsque la surface commence à se solidifier, on y place l'objet à inclure en lui donnant l'orientation convenable ; on recouvre le tout d'une nouvelle couche de masse et on laisse refroidir lentement. Au bout de peu de temps on défait la boîte et on a un petit parallélipipède de savon, presque transparent ou un peu opaque, dans lequel on aperçoit l'objet que l'on veut couper. Si l'orientation de la pièce n'est pas tout à fait bonne, on la rectifie en retranchant du savon d'un côté ou d'un autre, de manière à faire varier sa forme. On cale cette masse dans un microtome avec du sureau et l'on fait ses coupes avec un rasoir parfaitement sec. Les coupes qui s'obtiennent très-facilement sont mises dans l'eau pour les débarrasser du savon qu'elles contiennent et portées ensuite dans la solution colorante.

Pour s'éviter la peine de colorer les coupes les unes après les autres, on peut préalablement colorer l'individu entier, avant d'en faire des préparations. C'est un procédé beaucoup plus expéditif et moins encombrant ; mais les résultats sont peu satisfaisants.

(1) FLEMMING, *Archiv für microscopische Anatomie,* 1873.

Les matières colorantes que nous avons employées sont la purpurine, l'hématoxyline et surtout le picro-carmin.

Histoire naturelle et Taxonomie.

La Douve du foie habite, à l'état adulte, les canaux biliaires d'un assez grand nombre d'herbivores. On l'a trouvée chez le cheval, l'âne, le porc, le lapin, le cerf, et surtout chez les moutons et les animaux de l'espèce bovine. L'homme la contracte bien rarement; on mentionne cependant un certain nombre de cas authentiques cités dans les ouvrages de Davaine et de Leuckart. Deux cas ont, que je sache, été publiés depuis; ce sont ceux rapportés par Klebs (*Manuel de pathologie de Virchow*, p. 516) et par Wyss (*Archiv für Heilkunde*, IX).

Dans les années humides, les Douves se développent en bien plus grand nombre; on voit alors des troupeaux entiers succomber au mal incurable et mystérieux qu'on a cru longtemps, et que beaucoup d'agriculteurs croient encore aujourd'hui, engendré par certaines herbes croissant dans les prairies humides, dont les feuilles ont une vague ressemblance avec le corps aplati de la Douve; que d'autres, plus crédules encore, rapportent à une influence surnaturelle.

L'animal attaqué maigrit, devient triste, ne mange plus; ses tissus s'infiltrent de sérosité et il succombe lentement aux progrès du mal qui l'a surpris.

A l'autopsie, les lésions générales sont celles de l'hydro-anémie (1). Le foie est pâle, cirrhotique. Les canaux biliaires

(1) Des analyses faites au laboratoire de chimie biologique de la Faculté de médecine sous la haute direction de M. le professeur Ritter, nous ont démontré la présence d'acides biliaires en quantité notable dans le sang des moutons affectés de distomatose.

sont dilatés, fortement épaissis et présentent des altérations que nous nous proposons d'étudier prochainement. On y trouve des quantités considérables de Distomes de différente grosseur. Ces parasites pénètrent dans les plus petits canalicules biliaires qu'ils dilatent progressivement. Ils s'y tiennent enroulés en cornet, leur face ventrale étant extérieure. Ils déterminent par leur présence la chute d'une partie de l'épithélium de ces canaux, qui forme des lambeaux facilement reconnaissables au microscope, et la sécrétion abondante d'un mucus épais et gluant, coloré en brun par la même substance qu'on trouve dans le tube digestif du parasite (1) et par un nombre considérable d'œufs.

Nous renvoyons pour de plus amples explications sur ce point, aux traités de pathologie vétérinaire et aux mémoires spéciaux de MM. Delafond (2) et Zündel (3).

Les œufs, facilement reconnaissables à leur forme, tombent avec la bile dans le tube digestif de l'hôte, sont expulsés avec les fèces, et après quelque temps, placés dans des conditions convenables, se développent.

Nous ne voulons pas essayer d'entreprendre de traiter à ce moment la question si difficile du développement du *Distoma hepaticum*. Nous nous réservons de reprendre plus tard quelques expériences que nous avons faites à ce sujet, et d'en instituer de nouvelles, pour nous efforcer d'apporter quelque lumière dans cette page si obscure de l'alternance de génération des Trématodes. Nous exposerons cependant ici les quelques faits qui semblent acquis à la science.

(1) La coloration brune de la bile des moutons malades n'est pas due aux excréments du parasite ou exclusivement à ses œufs, comme on l'a prétendu. Les matières colorantes normales se sont transformées en un produit d'altération peu défini, de couleur brune, la bilihumine. Cette modification paraît due à la stagnation du liquide dans ses conduits causée par l'obstruction de ces derniers par les Douves.

(2) Delafond, *Traité sur la pourriture ou cachexie aqueuse des bêtes à laine.* 2ᵉ édition. Paris, 1854.

(3) Zündel, *la Distomatose.* Strasbourg, 1880.

L'œuf sorti du corps de l'individu mère n'est encore que peu développé, tandis que dans l'espèce voisine, qui accompagne souvent la nôtre, *Distoma lanceolatum*, il nous présente déjà, à la même époque, un embryon très-mobile muni d'un revêtement vibratile. Chez le *Distoma hepaticum* nous n'avons qu'une masse de cellules de segmentation, parvenue au stade morula.

Après avoir séjourné assez longtemps (un mois ou deux par un temps chaud) dans l'eau ou la terre humide, la masse de segmentation subit de grandes modifications; elle donne un corps qui se meut d'abord en rampant, à la manière des amibes, et finalement se couvre de cils vibratiles en gagnant, vers la partie antérieure, une tache noire en forme d'X, qu'on a considérée, sans autre raison que son aspect et sa nature pigmentaire, comme une tache oculaire. L'opercule de la coque tombe, l'embryon sort et se met à nager.

Malheureusement les embryons ainsi obtenus périssent bientôt; malgré de nombreuses recherches faites dans le but d'étudier leur développement, on n'est pas encore parvenu à suivre le cycle évolutif complet de cette espèce.

Il est cependant à penser que, chez notre *Distoma hepaticum,* comme chez tant d'autres espèces du même genre, l'embryon cilié s'enkyste dans un mollusque d'eau donce ou h'abitant les lieux humides, qu'il y donne là la forme nourrice intermédiaire, la Sporocyste, qui produit à son tour, par bourgeonnement intérieur, les larves mobiles pourvues d'une queue, les Cercaires.

Guidés par ces lois du développement dans un même groupe naturel, beaucoup de naturalistes éminents se sont efforcés de rechercher cette forme larvaire de la grande Douve; ils en ont cité quelques-unes de probables sans cependant rien affirmer, ni sans donner à l'appui de leur croyance aucune preuve expérimentale, l'expérience, seule, .pouvant résoudre d'une manière certaine cette question en-

core pendante. Weinland (1) cite, à ce sujet, des Cercaires
produites par des Sporocystes trouvées dans le foie de *Lymnœus truncatulus.* Linstow (2) en mettant des œufs de Douve
hépatique dans un aquarium avec quelques Mollusques d'eau
douce, tels que *Succinea amphibia, Planorbis vortex,* trouva
au bout de quelque temps dans ces Gastéropodes de petits
Sporocystes sans structure renfermant une Cercaire armée
non encore décrite. En se fondant sur certaines analogies
d'aspect, ces auteurs pensent que ces Cercaires pourraient
être les larves de notre espèce.

Une observation beaucoup plus importante est celle que
fit un helminthologiste savant et regretté, Willemœs-
Suhm (3), aux îles Feroë, où les Douves hépatiques exercent
de grands ravages. En admettant comme probable que l'hôte
intermédiaire du développement de ce Trématode est un
Mollusque, il fit la remarque que la faune malacologique,
terrestre et d'eau douce, de ces îles était très-réduite. On n'y
rencontre en effet que les huit espèces suivantes : *Arion ater,
A. cinctus, Limax agrestis, L. marginatus, Vitrina pellucida,
Hyalina alliaria, Lymnœus pereger* et *L. truncatulus.* On peut
donc penser que l'une au moins de ces espèces doit être
l'hôte cherché; peut-être aussi plusieurs, ou d'autres n'ha-
bitant pas ces contrées ; car il est probable, contrairement à
ce que croient beaucoup de naturalistes, qu'une forme larvaire donnée n'exige pas, pour se développer, telle espèce de
Mollusque donnée, mais plutôt certaines conditions bien dé-
terminées, que plusieurs espèces peuvent remplir. Willemœs-
Suhm ajoute que, *Limax agrestis* étant très-fréquente dans
le pays et regardée tout spécialement comme nuisible par les

<hr>

(1) WEINLAND, *Die Weichthierefauna der Schwäbischen Alpen.* Stuttgart, 1875,
S. 101.

(2) LINSTOW, *Beobachtungen von neuen und bekannten Helminthen.* (*Arch. für
Naturgeschichte,* 1875. Bd. I, p. 183.)

(3) WILLEMŒS-SUHM, *Zeitschrift für wiss. Zoologie.* 1873, XXIII, s. 339,

bergers, il est probable que c'est dans ce Mollusque, ou les espèces voisines, qu'on doit rechercher l'hôte du stade évolutif intermédiaire de notre Douve.

Ces résultats, du reste, concordent avec une observation de Moulinié, rapportée dans son beau mémoire sur la reproduction chez les Trématodes (1), observation dont il n'a certaiment pas tenu compte. Ce naturaliste vit sortir du corps de différentes espèces de Limaces, spécialement *Arion rufus* et *Limax cinerea*, si abondants chez nous dans les temps humides, de petites Sporocystes contenant des Cercaires sans queue. Ces Sporocystes restaient sur les herbes, que parcouraient les Limaces, avec le mucus qu'elles laissent sur leur passage; dans de bonnes conditions d'humidité et de chaleur, les Cercaires qu'elles contenaient pouvaient continuer à vivre pendant deux ou trois jours. En examinant attentivement les divers organes de ces mêmes Mollusques, on y trouvait des Sporocystes identiques aux premières; ces Sporocystes étaient donc arrivées à l'extérieur par une migration active. Voilà, selon nous, le côté où il faut diriger ses recherches, les expériences qu'il faut reprendre et compléter. Les moutons paissant l'herbe où se trouvent les Sporocystes retenues par le mucus, absorbent ces larves qui, placées dans leurs conditions normales, achèvent leur développement. On peut expliquer facilement la présence, chez ces Mollusques terrestres, de Sporocystes provenant d'embryons vivant dans l'eau. Les Limaces, en effet, déposent leurs œufs dans des endroits très-humides, à quelque distance de la surface du sol; dans ces mêmes endroits peuvent se trouver des œufs de Douve, disséminés avec les excréments des moutons. Sous l'influence de conditions favorables, l'embryon de Distome peut devenir libre et pénétrer alors dans la jeune Limace sortant de l'œuf, ou même dans celles qui sont adultes et qui

(1) Moulinié, *De la Reproduction chez les Trématodes endo-parasites.* (Extrait du tome III des *Mém. de l'Institut genevois*, 1856.)

recherchent l'humidité ; il s'y enkyste alors et subit une métamorphose compliquée qui aboutit à la formation de vésicules à Cercaires, de Sporocystes ou de Rédies.

Quelque probabilité que présente ce fait, il ne peut cependant être regardé que comme une hypothèse, l'observation était impuissante à résoudre une question dont l'expérience seule peut nous donner la solution.

Quoi qu'il en soit, la larve asexuée pénètre dans le tube digestif du vertébré, se développe, passe de là dans les conduits biliaires, en remontant le canal cholédoque et gagne en cet endroit ses organes sexuels.

Ici se présente encore une difficulté nouvelle. Malgré les recherches les plus minutieuses, on n'arrive pas à rencontrer des Douves hépatiques de très-petite taille ; les individus mesurant $0^m,04$ de longueur peuvent compter parmi les moindres. Il n'est cependant pas vraisemblable qu'on doive placer là, ou un peu au-dessous, la longueur minima de l'espèce. Toutefois, comme il est presque impossible de reconnaître la maladie à son début et de rechercher alors les parasites qui l'occasionnent, on peut croire que l'état jeune se passe dans cette période prodromale, où les symptômes ne sont pas assez graves pour attirer l'attention.

On voit donc que, si toutes les phases du développement du *Distoma hepaticum* ne sont pas encore connues, il ne faut pas désespérer et croire que là où ont échoué tant de maîtres éminents on doit forcément échouer aussi. Il faut marcher en avant avec courage, sans idées préconçues, à la recherche de la vérité ; et si, après ses travaux et ses peines, on n'arrive pas à apercevoir la lumière, on a au moins pour soi la consolation d'avoir aidé à la découverte du vrai et d'avoir cherché à soulever un coin du voile épais qui nous cache encore ant de secrets de la grande nature.

Dans son *Systema naturæ* (1), Linné réunit la Douve, les

(1) Linné, *Systema naturæ*. Éd. XII, 1740. T. I, pars. II, p. 1077.

Planaires, la Ligule et un Tænia du poulpe dans son genre *Fasciola* caractérisé comme il suit : *corpus planiusculum; poro terminali ventralique.* Il confond en une seule et même espèce les Planaires et notre Douve, qui ont quelque analogie d'aspect et leur donne les marques spécifiques suivantes : *Fasciola hepatica : Corpus magnitudine seminis peponis minoris, ovatum, antrorsum acuminatum ore poro eminente; in medio macula albida, oblonga, a qua versus utramque extremitatem linea pallida extenditur; in latere inferiori, ubi corpus coarctatur versus os, alter porus est. Habitat in aquis dulcibus, fossis, rivulis, ad radices lapidum, raro enatans inque hepate ovium; muria pellenda.* O. F. Müller (1) lui conserva son nom linnéen. Gœze, dans son traité précité, en fit la *Planaria latiuscula.* Ce ne fut que quelques années plus tard qu'Abildgaard (2) créa pour notre Douve et d'autres dont le nombre croissait de jour en jour, le genre *Distoma,* ce nom exprimant l'opinion erronée que ces êtres avaient deux bouches, l'une, la seule vraie, s'ouvrant au fond de la ventouse antérieure, l'autre au milieu de la ventouse ventrale qui est imperforée, comme on le sait. Rudolphi, dans son *Entozoorum historia,* tout en séparant cette espèce des Planaires, lui laisse la dénomination de Linné. Dans son *Synopsis* toutefois il préfère le nom générique d'Abildgaard et en fait le *Distoma hepaticum.* Cette dénomination lui est restée depuis; cependant quelques zoologistes, M. Blanchard, entre autres, remarquant l'intestin ramifié de cette espèce, tandis que ce canal est simplement bifurqué chez les autres Distomes, crurent ce caractère suffisant pour instituer un nouveau genre; ils reprirent le nom linnéen, *Fasciola.* Cette distinction, à notre avis, n'est pas suffisamment fondée; la différence n'est pas d'ordre assez élevé pour servir de caractère générique.

---

(1) O. F. Müller, *Vermium terrestrium et fluviatilium historia,* 1773.
Id., *Zoologiæ Daniæ prodromus.* N° 2077, 1776.
(2) Abildgaard, *Zoologia Danica,* 1794.

Le *Polystoma integerrimum* de la vessie urinaire de la Grenouille rousse et le *Polystoma ocellatum* du pharynx de l'*Emys europea* ont entre eux les mêmes rapports; le premier a un tube digestif avec de riches arborisations latérales; celui du second est simplement bifurqué, et personne jusqu'ici n'a songé à scinder ce genre si naturel. Autant voudrait alors accepter les neuf coupes proposées par Dujardin dans le genre *Distoma* et basées sur la forme de l'intestin, sa plus ou moins grande longueur et la position relative des différents organes.

Je crois aussi juste de conserver le nom primitif *Distoma*, et de rejeter la désinence en *um* employée de préférence aujourd'hui et moins conforme à l'étymologie.

Forme et aspect extérieur du corps.

Le Distome hépatique a un corps aplati, plus long que large, souvent en forme de feuille.

On lui distingue de suite deux parties bien différentes d'aspect. L'une antérieure, relativement petite, a la forme d'un cône tronqué se continuant par la base avec la partie postérieure. On peut la nommer prolongement céphalique (*Kopfansatz*, Leuckart; *Vorderkörper*, Sommer), parce que c'est elle qui est toujours en avant dans le mouvement et qu'elle renferme les centres nerveux et la partie initiale du tube digestif. Elle a, en moyenne, une longueur de $0^m,003$ à $0^m,004$, une largeur de $0^m,003$ à la base et une épaisseur de $0^m,0025$. L'autre partie, beaucoup plus large (*Hinterkörper*, Sommer), renferme la plus grande partie des organes de l'animal; c'est elle qui lui donne, en grande partie, sa forme caractéristique. Sa longueur et sa largeur varient beaucoup, suivant l'âge de l'individu et l'état de contraction des différentes couches musculaires des téguments. La longueur varie entre $0^m,015$ et

0^m,033 ; la largeur entre 0^m,005 et 0^m,010. L'épaisseur varie surtout suivant l'état de réplétion ou de vacuité des organes sexuels, qui en occupent toute la partie médiane ; elle est toujours plus considérable en ce point et va en diminuant sur les côtés.

On rencontre dans les Douves provenant d'un même foie ou de foies différents des variations de formes assez remarquables. Nous pouvons ramener ces changements à trois types bien distincts, selon que la forme de la portion postérieure du corps est foliacée, lancéolée ou plus ou moins arrondie.

Les individus appartenant au premier type ont la forme caractéristique de l'espèce ; leur prolongement céphalique est bien distinct, bien saillant ; on trouve souvent de chaque côté, au commencement de la partie élargie, une petite éminence arrondie, dans laquelle pénètrent un ou deux cœcums du tube digestif ; la longueur excède à peine le double de la largeur.

La seconde forme est beaucoup plus allongée ; le prolongement céphalique se continue presque insensiblement avec la portion élargie du corps ; on ne trouve pas ces petits prolongements latéraux que nous avons signalés chez les individus d'aspect franchement foliacé ; la longueur est toujours plus grande que le double de la largeur.

La troisième forme enfin est beaucoup plus rare ; elle se distingue de suite en ce que sa partie postérieure est très-courte, à contours presque circulaires. Le prolongement céphalique fait alors fortement saillie et apparaît bien distinct. La longueur atteint à peine une fois et demie la largeur.

Nous croyons que ces différences, dans la forme et l'aspect d'individus présentant une organisation identique, sont dues à la contraction plus forte de l'un ou l'autre des systèmes de muscles de l'animal. La première forme représenterait l'état de repos complet ; ce serait donc la forme typique de l'espèce. La seconde serait produite par la contraction des muscles transversaux qui, enlaçant l'animal comme d'une ceinture, le forceraient à s'allonger. La troisième enfin serait due à la contraction des fibres longitudinales, qui, diminuant la longueur sans changer la masse, doit nécessairement augmenter la largeur.

On aperçoit de suite, à la face inférieure ou ventrale du corps, deux organes, dont nous examinerons plus tard la structure et le fonctionnement, les ventouses, qui servent à l'animal à se fixer et jouent de plus un rôle important dans la locomotion. La ventouse antérieure, au fond de laquelle on trouve l'unique ouverture du tube digestif, est située à la partie libre du prolongement céphalique. La ventouse postérieure, qui est imperforée, contrairement à ce que pensaient les premiers observateurs, qui y plaçaient une seconde bouche ($\delta\iota$, $\sigma\tau\omega\mu\alpha$), se trouve à l'union du prolongement céphalique et de la portion postérieure. La première, la plus petite, mesure de 0^{mm},72 à 0^{mm},84 ; la seconde, de 1 millimètre à 1^{mm},12.

Nous avons dit plus haut que le prolongement céphalique avait la forme d'un tronc de cône. Ce n'est pas parfaitement exact, car la troncature est faite par un plan courbe et de plus légèrement incliné vers la face inférieure du corps. Tous les auteurs qui se sont occupés de la description et de l'anatomie du *Distoma hepaticum*, ont donné, comme une des caractéristiques de l'espèce, d'avoir la bouche terminale (Dujardin, Blanchard, Leuckart, *loc. cit.*). Or, la ventouse buccale est manifestement inférieure. Déjà, en examinant l'animal en progression, on s'aperçoit à première vue de la situation ventrale de cette ventouse ; mais, en étudiant des coupes longitudinales passant exactement par l'axe de l'organe, on en a une preuve certaine. (Voy. Pl. II, fig. 8.) La partie supérieure de la ventouse, beaucoup plus développée que l'inférieure, fait saillie sur elle et recouvre l'ouverture en forme de capuchon. Nous avons constaté un fait analogue chez le *Polystoma integerrimum* et d'autres petits Distomes parasites des Grenouilles. Du reste, chez l'espèce voisine, le *Distoma lanceolatum,* une particularité analogue, beaucoup plus apparente ici, a été citée par Leuckart (1) ; on trouve chez cette petite Douve, au rebord supérieur de la ventouse buccale, une petite saillie dentiforme, que cet auteur pense devoir servir à la préhension des aliments. Rien dans la structure de ce petit prolongement ne pouvant le rendre apte à ce rôle spécial, nous n'y voyons que le résultat, plus manifeste cette fois, de la position ventrale de la première ventouse. Du reste, les ventouses servant à faire glisser la surface ventrale de l'animal sur le support qu'il a choisi, doivent être situées sur cette surface. Nous retrouvons le même fait chez les Hirudinées, qui se rapprochent sous tant de points des Trématodes. Nous considérons donc, jusqu'à preuve du contraire, ce caractère comme général dans l'ordre des Trématodes.

Au commencement de la seconde partie du prolongement céphalique, on trouve une ouverture elliptique, située à gauche de la ligne médiane, et dirigée obliquement en bas et en dehors ; c'est le sinus sexuel, sorte de cloaque peu profond, où viennent déboucher, à gauche l'ouverture femelle, petite, en forme de boutonnière, à droite l'ouverture mâle, beaucoup plus grande, par où peut faire saillie un pénis gros et contourné en spirale.

La partie postérieure du corps peut se diviser en plusieurs parties ou plutôt plusieurs zones d'aspect et de coloration différentes. On y distingue une zone médiane et, de chaque côté, deux zones latérales. La zone médiane a une couleur blanchâtre chez les individus non encore complétement développés ; chez ceux qui sont en pleine maturité sexuelle, on y remarque, à la partie supérieure, de grosses taches brunes. La couleur blanchâtre est due aux tubes testiculaires dont les

______

(1) Leuckart, *Die menschlichen Parasiten.* Bd. I. S. 591.

sinuosités remplissent les deux tiers inférieurs de cet espace médian ; les taches brun-rougeâtre sont formées par les œufs mûrs, à coque colorée, remplissant le tube oviducal. Leuckart l'a appelé champ testiculaire (*Hodenfeld*) La seconde zone a des limites bien tranchées ; elle forme de chaque côté une bande assez large fortement piquetée de brun-noir. Ces deux bandes sont dues à deux glandes en grappe, très-développées chez les individus adultes, qu'on appelle vitellogènes, parce qu'elles fournissent quelque chose à l'œuf, mais auxquelles nous donnerions plus volontiers le nom de glandes accessoires, pour ne rien préjuger de leur fonction, que peut seule préciser une étude embryologique approfondie. Leurs deux conduits excréteurs, situés au côté interne, se réunissent à la partie inférieure du corps par un court canal oblique, formant une sorte de V, et à la partie moyenne de la zone médiane par un canal transversal. La troisième zone (champ latéral, *Seitenfeld,* Leuckart), d'aspect blanchâtre, forme les bords latéraux du corps ; on y trouve les terminaisons en cœcums du tube intestinal. Souvent l'intestin, rempli d'un contenu rouge-brun, cache, par ses arborisations foncées, cette distinction, si nette, en différentes zones.

La surface dorsale ne nous montre rien de spécial ; son aspect est identique à celui de la face opposée. Vers sa partie moyenne on y trouve une très-petite ouverture de $0^{mm},02$ de diamètre ; c'est l'ouverture du canal de Laurer. Découvert par Laurer (1) chez l'*Amphistoma conicum,* ce canal a été signalé chez notre *Distoma hepaticum* par Siebold, Stieda et Sommer. A la partie inférieure, presque à l'extrémité, nous trouvons une seconde ouverture, en forme de fente ; c'est l'orifice terminal de l'appareil vasculaire, le *foramen caudale* des auteurs.

(1) Laurer, *Disquisitiones anatomicæ de Amphistomo conico,* 1830.

Téguments.

Les téguments de la Douve forment à ses organes un étui protecteur assez puissant. L'épaisseur totale des couches qui les constituent, varie peu dans toute l'étendue du corps ; elle paraît seulement moindre dans la partie inférieure élargie du corps, et plus considérable vers le prolongement céphalique.

La présence de corpuscules calcaires dans les téguments, normale et constante chez presque tous les Cestoïdes, n'avait jamais été signalée ici. Nous avons trouvé un certain nombre d'individus qui possédaient de vingt à trente grosses concrétions, formées de petites masses arrondies en nombre très-variable, présentant parfois des angles saillants assez nets. Leur rapide dissolution dans l'acide acétique avec dégagement de gaz, nous indique qu'elles sont composées de carbonate de chaux.

Cet appareil tégumentaire se divise bien nettement en quatre couches qui se suivent de l'intérieur à l'extérieur dans l'ordre suivant : 1° la couche cuticulaire ; 2° la couche de fibres élastiques ; 3° la couche musculaire ; 4° la couche cellulaire hypodermique. (Voy. Pl. I, fig. 1.)

1° *Cuticule*. (Pl. I, fig. 1 c.)

La cuticule est une membrane mince, transparente, sans structure, présentant des plissements transversaux assez régulièrement disposés. Elle revêt toute la surface du corps et se prolonge dans l'intérieur des ventouses, du bulbe œsophagien, du sinus génital et du commencement de l'utérus. Elle mesure en moyenne de $0^{mm},02$ à $0^{mm},03$.

Elle présente une résistance très-faible aux réactifs. L'eau simple, au bout de peu de temps, la détruit en la transformant en globules amorphes ; le même effet se produit beaucoup plus rapidement avec une solution de potasse ou de l'eau ammoniacale. C'est donc à tort qu'on l'a comparée aux formations végétales d'aspect et de situation analogues, qui, elles, présentent une résistance si grande aux agents destructeurs.

A un faible grossissement, elle apparaît recouverte de petits tubercules disposés en séries régulières. Ces tubercules ne sont autre chose que des sortes d'épines, ou plutôt, comme Leuckart le fait remarquer avec raison, de petites écailles. Nous reviendrons plus loin sur ces formations.

Tous les auteurs qui ont étudié cette cuticule, l'ont décrite comme parcourue par des canalicules très-fins, dirigés perpendiculairement à sa surface, dont les orifices seraient visibles sur des lambeaux préparés par arrachement. Il n'en est rien. A un fort grossissement (Obj. 7, oc. 1, Nachet), la cuticule nous montre un réseau très-fin, formé par de petites éminences, des reliefs très-sensibles, et aucune solution de continuité dans l'intervalle des mailles. Ce réseau est beaucoup plus serré et plus apparent à la base des écailles, où il forme des dessins très-élégants.

Les écailles, dont nous avons déjà parlé, sont très-probablement des productions cuticulaires, quoiqu'on ne puisse rien affirmer de précis sur leur mode de développement. Elles ont été longtemps méconnues chez notre *Distoma hepaticum*, même par de très-habiles observateurs, qui différenciaient cette espèce d'autres du même genre en la qualifiant d'inerme. Ces lamelles, en effet, tombent immédiatement après la cuticule, qui les recouvre toujours à l'état normal, lorsqu'on soumet les Douves à des actions qui détruisent cette dernière. M. Blanchard les a aperçues ; mais les ayant seulement examinées sur des lambeaux de téguments obtenus par arrachement et soumis à de faibles grossissements, il les décrit comme « de petits tubercules assez rapprochés les uns des autres et inégalement espacés (1) ». La figure qu'il en donne laisse autant à désirer que sa description. Cependant Dujardin avait reconnu leur véritable forme ; il nous dit que ce sont de petites lamelles longues de $0^{mm},058$, plus aiguës en avant et plus larges en arrière. Leuckart nous en donne une description précise et assez complète.

Ce sont (Pl. I, fig. 2) de petites lancettes losangiques dont l'extrémité antérieure est arrondie et l'extrémité postérieure tronquée, plus larges au milieu que sur les bords, présentant par conséquent une coupe transversale fusiforme (fig. 2, C). Leur bord antérieur est grossièrement pectiné ; on peut même par une pression suffisante les décomposer en une série de petits bâtonnets, qui tiennent tous entre eux par la base comme les rayons d'un éventail. Cette particularité a été cause d'une erreur singulière. Küchenmeister (2), ayant vu de ces écailles ainsi décomposées en bâtonnets, les a décrites comme des faisceaux musculaires de la cuticule.

Ces écailles présentent une résistance très-grande aux réactifs. La potasse, même concentrée, ne les attaque pas ; c'est ce qui fait croire qu'elles sont de la nature de ces productions, encore si peu connues, auxquelles on donne le nom général de formations chitineuses. Elles se colorent fortement par le carmin et ont un aspect chatoyant dans la lumière directe ; la lumière polarisée n'exerce aucune action sur elles.

La répartition de ces écailles est différente d'une face à l'autre. Sur la face ventrale, on en trouve, de l'extrémité antérieure à l'extrémité postérieure, toujours aussi serrées ; sur la face dorsale, elles sont beaucoup plus espacées et manquent même complétement vers la fin du corps. Ce fait s'explique facilement. Ces écailles servent à maintenir les Douves

---

(1) BLANCHARD, *loc. cit.,* p. 281.

(2) KÜCHENMEISTER, *Die in und an dem Körper des lebenden Menschen vorkommenden Parasiten.* S. 185. Tab. V, fig. 9.

lorsqu'elles progressent dans les conduits biliaires ; comme elles s'y tiennent enroulées en cornet, la surface dorsale étant intérieure, cette dernière face a moins besoin que l'autre du revêtement d'aiguillons. Ces écailles sont disposées en rangées transversales alternes, plus serrées sur le prolongement céphalique et plus espacées sur la portion élargie du corps. Celles du prolongement céphalique ont, en moyenne, de $0^{mm},036$ à $0^{mm},040$ de long ; et celles de la portion élargie de $0^{mm},050$ à $0^{mm},068$; elles sont donc plus longues que les premières. De temps en temps, surtout chez les jeunes individus, on en trouve qui sont encore loin de ces dimensions définitives et n'ont pas encore la forme caractéristique des écailles ordinaires ; on ne peut que supposer qu'on a affaire à un stade du développement de ces dernières, sans pouvoir toutefois l'affirmer avec certitude (1).

2° *Couche élastique.* (Pl. I, fig. **1**, *fe.*)

La deuxième couche des téguments, méconnue par tous les auteurs qui la confondaient avec la première sous le nom de cuticule, est une couche élastique. On abuse trop du nom de cuticule, qui a cependant la signification bien précise d'une formation tout à fait anhiste, complétement dépourvue de structure élémentaire. Or, il est évident que ce nom ne peut s'appliquer à la seconde de nos couches tégumentaires qui présente un aspect particulier et des réactions tout à fait spéciales et caractéristiques. Elle nous montre, en effet, une striation longitudinale et transversale très-nette et elle se laisse facilement décomposer en fibres, que leur propriété de se gonfler par la potasse fait ranger dans la classe des tissus élastiques. Cette couche, excessivement résistante, forme

(1) Quelques-unes de ces écailles nous ont montré à la base et à la face inférieure des fibrilles, facilement colorables par le carmin, qui s'inséraient sur cette face. On peut croire qu'elles sont destinées à mouvoir ces formations dans un sens déterminé. (Voy. Pl. I, fig. 2, D.)

à l'animal sa véritable enveloppe protectrice; les fibres qui la composent semblent garder le même diamètre dans toute leur longueur et sont peut-être aussi longues que l'animal; elles sont lisses, cylindriques, très-réfringentes, se colorent par le carmin, moins rapidement toutefois que les couches musculaires sous-jacentes; à froid, la potasse à 40 p. 100 les gonfle; à chaud, elle les dissout rapidement. Ces fibres affectent deux directions principales : les plus superficielles sont transversales; les autres forment un réseau à mailles allongées, dont la direction est plutôt longitudinale. En coupe longitudinale (fig. 1, *fe*), on a un réseau à mailles très-allongées, dirigées perpendiculairement à la surface. Cette apparence a trompé les observateurs qui ont cru avoir affaire à un système de canalicules traversant la couche cuticulaire.

On a décrit, sous l'enveloppe transparente formée par ces deux premières couches, un lit de grosses cellules rondes, granuleuses, sans membrane, auxquelles on attribuait la fonction de cellules mères de la cuticule. Nous n'avons jamais pu apercevoir ces cellules; nous ne croyons donc pas devoir les citer. Nous ferions plus volontiers de la cuticule des Douves, et probablement de tous les revêtements cuticulaires des Vers, un degré ultérieur de la modification des fibres élastiques, qui sont si abondamment répandues chez ces êtres et servent toujours de base à ces revêtements anhistes.

3° *Couche musculaire.*

Les couches musculaires sont bien moins développées comparativement chez les Douves que chez beaucoup d'autres Vers; cela tient peut-être à leur vitalité peu considérable. Les fibres musculaires forment ici quatre systèm s que l'on distingue facilement sur les coupes longitudinales ou transversales. Ce sont : 1° les muscles annulaires; 2° les muscles diagonaux; 3° les muscles longitudinaux; 4° les muscles dorso-ventraux.

1° *Muscles annulaires*. — Cette couche est assez irrégulièrement développée chez la Douve; elle atteint son maximum sur le prolongement céphalique; elle est de beaucoup moindre dans la portion postérieure du corps.

2° *Muscles diagonaux*. — Ces faisceaux n'existent que dans le tiers antérieur du corps. Ils ne sont pas situés dans les muscles longitudinaux, comme le croit Leuckart, mais bien entre ceux-ci et les muscles à direction circulaire. On reconnaît facilement les losanges qu'ils forment, sur les exemplaires entiers conservés dans le baume.

3° *Muscles longitudinaux*. — Ils forment une couche plus épaisse que les précédentes. Ce sont des faisceaux assez épais, s'envoyant de nombreuses anastomoses (Pl. I, fig. 3), dans les intervalles desquels on trouve souvent des éléments de la couche cellulaire sous-jacente. Ce système de muscles est beaucoup plus développé dans la partie postérieure du corps que dans le prolongement céphalique.

4° *Muscles dorso-ventraux*. — Ce sont des faisceaux musculaires plus ou moins épais, souvent composés seulement de quelques fibrilles, qui, partant de l'une des faces du corps, traversent le parenchyme et viennent prendre leur insertion dans les couches musculaires de la face opposée. (Pl. I, fig. 4; Pl. II, fig. 8, *m. dv.*)

Si l'on veut se faire une idée exacte de la forme de l'élément musculaire, il ne faut pas le rechercher dans les faisceaux, où les fibrilles, appliquées les unes contre les autres et soudées entre elles par une sorte de substance fondamentale, déjouent toutes les tentatives faites pour les isoler; mais bien dans les petits tractus musculaires du parenchyme, où l'on en aperçoit souvent de bien distincts. L'élément musculaire (Pl. I, fig. 5) se compose de deux parties : l'une (fig. 5, A, *f*) est une fibrille hyaline, cylindrique, très-réfringente, d'une longueur assez considérable; l'autre est un petit amas protoplasmique (fig. 5, *p*) renfermant un gros noyau assez

apparent (fig. 5, *z*) ; la fibrille est la partie véritablement
contractile de l'élément musculaire ; le corps cellulaire qui
lui est appendu est le restant de la cellule primitive, reste
qui va en s'amoindrissant de plus en plus à mesure que
la fibrille grossit et finit très-probablement par disparaître
tout à fait.

Cette forme de fibre-cellule contractile a déjà été signalée
plusieurs fois chez les Invertébrés. Kleinenberg (1) et de Korotneff (2) signalent chez l'Hydre et la Lucernaire une disposition tout à fait semblable de ces éléments ; d'après Nitsch (3),
les fibres musculaires des Bryozoaires ont une structure tout
à fait comparable ; Grenacher (4), chez les Dragonneaux,
Schneider (5) et Bütschli (6), chez les Nématoïdes en général, ont trouvé des formes qui se rapprochent beaucoup de
celle que nous avons décrite ; et de plus Salensky (7), chez
l'Amphilina, figure des fibres musculaires presques identiques
à celles de notre Douve. Enfin, fait important, F. Schultze a
signalé, chez le têtard de Triton, les fibres musculaires embryonnaires comme formées de simples cellules allongées
dans le plasma desquelles sont incluses des fibrilles brillantes.

On comprend facilement que ces différentes couches musculaires ont pour but d'allonger ou de raccourcir le corps,
selon que l'une ou l'autre d'entre elles entre en contraction ;

(1) Kleinenberg, *Hydra, anatomisch-entwickelungsgeschichtliche Untersu-
chung*, 1872.

(2) De Korotneff, *Histologie de l'Hydre et de la Lucernaire. (Arch. de zool.
exp. et génér.,* tome V, p. 369. 1876.)

(3) Nitsch, *Beiträge zur Anatomie und Entwickelungsgeschichte der phylac-
tolaemen Süsswasserbryozoen. (Arch. f. Anat. und Physiologie*, 1863.)
Id., *Beiträge zur Kentniss der Bryozoen. Zeitsch. f. wiss. Zool.,* XX, 1869 ;
XXI et XXII, 1871-1872 ; XXV, Supplément, 1875.

(4) Grenacher, *Ueber die Muskelelemente von Gordius. (Zeitschrift f. wissen.
Zool.* XIX, p. 287-288. Taf. XXIV, fig. 4.)

(5) Schneider, *Monographie der Nematoden.*

(6) Bütschli, *Frei lebende Nematoden,* 1873.

(7) Salensky, *Bau und Entwickelungsgeschichte der Amphilina (Monostomum
foliaceum* Rud.). [*Zeitschr. f. wiss. Zool.,* 1874.]

elles sont ainsi un des principaux organes de locomotion de l'animal.

4° *Couche cellulaire hypodermique.*

Cette couche est formée par une série de petits amas ovoïdes de cellules sans membrane, à noyau très-apparent, se colorant fortement par l'hématoxyline et à protoplasma très-granuleux. La plupart des observateurs qui les ont signalées les ont prises pour des glandes unicellulaires (*Drüsenzellen oder einzelligen Drüsen;* Salensky, *loc. cit.*), déversant leur produit à l'extérieur par les prétendus canalicules de la cuticule et ont donné à cette couche le nom de couche glandulaire (*Drüsenschicht*). D'autres les ont citées sans rien préjuger de leur fonction en leur donnant le nom vague d'éléments cellulaires (*Zellkörper*). Il est bien évident que ce ne sont pas des glandes; les auteurs qui se rallient à cette opinion n'ont du reste jamais pu apercevoir leur canal excréteur, et nous avons prouvé plus haut l'absence de tout canalicule dans la membrane cuticulaire. Salensky, qui s'en est beaucoup occupé, nous dit à ce sujet: « *Obgleich ich die Ausführungsgänge nicht bis an ihre Enden nach aussen zu verfolgen im Stande war, so giebt uns doch die Richtung derselben, der Character der Zellen als Drüsen und der Durchgang der Ausführungsgänge durch die Hautschicht die Ueberzeugung, dass sie an der äussern Oberfläche des Körpers ausmünden.* »

Pour nous, ces cellules ayant tous les caractères des cellules jeunes, sont destinées à fournir les éléments nécessaires à l'accroissement des différentes couches que nous avons précédemment citées et probablement aussi de la masse du parenchyme. Les recherches de Kleinenberg sur l'Hydre et de Korotneff sur l'Hydre et la Lucernaire montrent clairement que ces éléments hypodermiques peuvent passer, chez les Cœlentérés, à l'état de fibres musculaires. Cette hypothèse n'a donc rien qui doive nous surprendre. L'hypoderme, chez l'embryon, est constitué, comme les autres tissus, par des éléments blastodermiques ; ces éléments peuvent n'arriver que très-tard à leur forme définitive; ils peuvent même, comme on le voit souvent, conserver indéfiniment leur forme première et leur aptitude à se développer dans un sens ou dans un autre et persister aussi bien au delà de la période embryonnaire. Ce *Zellkörper* n'est ni un système définitif, ni un organe transitoire ; ce sont des éléments de réserve, tout à fait indifférents comme les cellules blastodermiques primitives, pouvant donner, selon le besoin, des cellules épithéliales, du tissu conjonctif, des fibres musculaires ou des fibres élastiques.

Au système tégumentaire se rattachent les ventouses, qui servent d'organe principal de locomotion à l'animal. Ces ventouses, au nombre de deux, sont, comme nous l'avons dit plus haut, situées toutes deux à la face inférieure du corps. L'une, la ventouse antérieure, est située à l'extrémité du prolongement céphalique et porte à son fond l'ouverture de l'appareil digestif; l'autre, ventouse inférieure, est imperforée et se trouve à la réunion du prolongement céphalique et de la partie élargie de l'animal.

La ventouse antérieure, buccale (Pl. II, fig. 8 et 9, V), est plus petite que la postérieure. Elle a la forme d'une sphère à laquelle on aurait enlevé son tiers supérieur. Sa paroi épaisse limite un espace médian, qui apparaît, sur une coupe, irrégulièrement quadrangulaire; cette paroi est plus considérable en son milieu et au pôle inférieur, de sorte qu'une section longitudinale nous donne une coupe réniforme, dont l'extrémité supérieure s'amincit. Cette ventouse est séparée des téguments et du parenchyme par une sorte de coque fibreuse assez épaisse (fig. 8, *c*, *f*), qui lui donne sa forme et sert à l'insertion des muscles qui forment la majeure partie de l'organe. Outre cette sorte d'enveloppe fibreuse, on distingue à cette ventouse quatre couches musculaires. La première, peu épaisse, est formée de fibres qui vont du bord supérieur au bord inférieur de l'organe ; ce sont des fibres méridionales (*f. m*) ; la seconde comprend des fibres à direction annulaire (*f. an*), qui font le tour de l'organe et sont disposées en petits faisceaux ; la troisième couche, formant presque à elle seule la masse de l'organe, est une couche de fibres radiales (*f. ra*) allant de la face externe à la face interne de la paroi ; enfin vient une seconde couche de fibres annulaires (*f'. an*). Une cuticule assez épaisse (*c*), qui n'est que la continuation de la couche externe des téguments, revêt la surface intérieure de la ventouse. Dans l'intervalle des faisceaux de fibres radiales, on trouve un grand nombre de corpuscules conjonctifs analogues à ceux que l'on rencontre dans l'intérieur du bulbe pharyngien. Dans cette couche de fibres radiales, on trouve aussi des formations particulières (*d. v*) que nous croyons devoir rattacher à l'appareil vasculaire et dont nous parlerons en traitant de ce dernier.

La ventouse postérieure (V') est un peu plus grosse que la première ; on lui reconnaît la même structure. La cavité médiane affecte plus nettement une forme triangulaire.

Outre ces faisceaux musculaires propres, les ventouses reçoivent des tissus environnants, surtout des téguments, de petits muscles qui semblent être des faisceaux modifiés des systèmes de muscles diagonaux ou dorso-ventraux. Ils s'insèrent sur le pourtour de la ventouse et vont se perdre dans les téguments, en formant de petits systèmes convergeant en éventail. Ces muscles, qu'on peut appeler rotateurs de la ventouse, ont pour fonction de faire changer l'organe de position.

On se fait facilement une idée du fonctionnement de ces ventouses. L'organe étant appliqué contre un support, les fibres radiales se contractent, agrandissent ainsi la cavité centrale et, par conséquent, y font un vide relatif qui est cause de l'adhésion. Les autres couches musculaires, en se contractant, ramènent la cavité à son volume primitif et rétablissent l'équilibre de pression avec l'air extérieur.

Maintenant que nous connaissons l'appareil musculaire et les ventouses, nous pouvons expliquer le mode de locomotion de la Douve. Les mouvements du corps sont dus à la contraction des diverses couches musculaires, contractions qui produisent l'allongement ou le raccourcissement de la partie qui en est le siége. Ces mouvements sont presque localisés dans le prolongement céphalique. La partie postérieure ne nous présente guère qu'une succession de mouvements ondulatoires peu étendus.

Par suite de la contraction des fibres circulaires du prolongement céphalique, cette partie s'allonge en se portant de côté et d'autre comme en tâtonnant. Puis l'extrémité supérieure s'abat sur le support et s'y fixe par la ventouse. Alors les muscles longitudinaux, prenant un point d'appui sur cette partie fixée, se contractent et ramènent la ventouse postérieure près de l'antérieure, entraînant à la suite toute la partie élargie du corps, qui aide à la progression par ses ondulations. La ventouse postérieure se fixe, l'autre se détache et recommence comme précédemment.

La locomotion se fait donc en deux temps : 1° allongement du prolongement céphalique et fixation de la ventouse antérieure ; 2° raccourcissement de cette même partie, puis fixation de la ventouse postérieure, qui entraîne tout le corps après elle.

La Douve, du reste, peut exécuter des mouvements assez étendus sans le concours de ses ventouses ; ainsi un individu mis sur le dos se relève très-vite par la seule action de son système musculaire. Il est naturel que, pour étudier ces mouvements, on doive examiner l'animal à une température à peu près égale à celle de l'hôte où il vit.

Parenchyme.

Tout l'espace compris entre les différents organes de la Douve et l'étui tégumentaire que nous venons de faire connaître, est rempli par une formation particulière très-intéressante à étudier. Ce sont de grosses cellules à contours polyédriques ou arrondis, qui, pressées les unes contre les autres, donnent à cette partie un aspect végétal, qui a frappé bien des observateurs. Ce tissu fondamental est beaucoup plus facile à étudier dans le prolongement céphalique que dans le reste du corps, le nombre des organes contenus dans cette partie étant moindre. Suivant que les préparations sont faites sur les Douves durcies à l'acide osmique ou bien à l'alcool absolu, l'acide chromique, la liqueur de Müller, on obtient des résultats différents. Dans le premier cas, on trouve de grosses cellules, serrées les unes contre les autres, de $0^{mm},08$ environ de diamètre, possédant un noyau granuleux, appliqué contre un côté de la paroi et entouré d'une très-petite masse protoplasmique. Si on a employé un des procédés de durcissement de la seconde catégorie, on arrive à un aspect tout autre. Au lieu d'avoir, en effet, une couche continue de cellules, on n'a plus qu'un réseau assez régulier, ressemblant, à s'y méprendre, à certaines formations conjonctives des animaux supérieurs. Le réactif n'étant pas capable de fixer suffisamment le contenu cellulaire, ce dernier s'échappe lorsqu'on fait les coupes; il ne reste plus alors que les minces membranes cellulaires, donnant par leur réunion l'apparence précitée. Ce réseau a été diversement interprété par les observateurs. Walter (1) en a fait sans preuve un réseau vasculaire.

____

(1) WALTER, *Beiträge zur Anat. und Histol. einzelner Trematoden.* (*Archiv für Naturgeschichte*, 1858.)

Leuckart (1) et Stieda (2) en ont fait un réseau conjonctif;
M. Sommer se rattache à cette dernière opinion. Il est cependant facile de se convaincre que cette formation n'a pas
d'individualité propre. On ne trouve d'abord nulle part de
cellules particulières donnant naissance à ces prolongements;
les petites masses que l'on aperçoit en grand nombre dans
les parois ne sont que des coupes transversales de fibrilles
musculaires traversant le parenchyme; elles n'ont, en effet,
jamais de cavité centrale, et, en observant avec un peu de
soin, on voit que la paroi se dédouble pour les entourer
(Pl. I, fig. 6). On remarque ensuite que les mailles de ce réseau ne sont pas de simples fibrilles, mais bien des membranes, formant par leur réunion de petites alvéoles et rete-
nant encore dans quelques cas, en un de leurs points, un de
ces gros noyaux, granuleux, entouré d'une mince couche de
protoplasma, que l'on reconnaît facilement pour être celui des
grosses cellules dont nous avons parlé plus haut. On est de
suite frappé de la ressemblance de cette formation avec les
coupes de la moelle desséchée de certaines Dicotylédones, sureau ou bouillon-blanc.

Ces cellules du parenchyme ne sont pas, comme on l'a
prétendu, des éléments jeunes, destinés à fournir à l'accroissement du corps; nous avons vu, en effet, que leur noyau
n'était entouré que d'une couche très-mince de protoplasma,
le reste de la cellule étant vide ou contenant seulement un
liquide clair, non coagulable par les réactifs. Ces caractères
sont évidemment plutôt ceux des cellules arrivées au terme
de leur développement et même en voie de déchéance vitale,
que ceux des éléments jeunes pouvant se transformer dans
une direction donnée.

Outre sa fonction de combler les vides que laissent les
différents organes, le tissu du parenchyme fournit à ces der-

(1) Leuckart, *Die Menschlichen Parasiten*. Bd. I. S. 536.
(2) Stieda, *Anatomie des Distoma hepaticum*. (*Arch. f. Anat. und Phys.*, 1867.)

niers une sorte d'enveloppe protectrice. En dehors de leurs parois propres, on reconnaît facilement à certains organes, intestin, testicules, etc., une certaine zone à éléments plus serrés, qui se confond graduellement avec le parenchyme environnant. Les auteurs ont exprimé ce fait en disant que le parenchyme se condensait autour des organes. Il est probable qu'il y a là plus qu'une simple condensation d'un tissu voisin et qu'on a affaire à une véritable transformation. Cette couche limitante a, en effet, un aspect bien différent du parenchyme ordinaire; on y trouve, en plus, des éléments cellulaires peu délimités et un assez grand nombre de noyaux isolés. Si l'on doit trouver, chez ces êtres, des éléments appartenant au groupe conjonctif, nous croyons que c'est ici qu'il faut les chercher de préférence.

Système nerveux.

Le système nerveux, entrevu par Otto en 1816, fut décrit par Mehlis en 1825. Mis en doute par Dujardin, il fut plus tard exposé dans tous ses détails par Blanchard, Leuckart et Sommer.

La dissection ne donnant pas d'assez bons résultats, il faut s'adresser, pour l'étudier, aux préparations microscopiques d'individus complets. Les préparations au baume ne sont pas toujours satisfaisantes sous ce rapport. En fixant cependant les éléments par l'alcool au tiers avant d'employer l'alcool absolu, on arrive à distinguer la partie antérieure de ce système. Un procédé excellent consiste à laisser macérer les Douves, de douze à vingt-quatre heures, dans une solution alcaline, potasse ou soude, à 20 p. 100. Le réactif gonfle et éclaircit les tissus tégumentaires et le parenchyme, et respecte en partie le système nerveux. On obtient ainsi de fort belles préparations, qu'on peut étudier à un faible grossissement ou à la loupe sur le champ noir; les nerfs apparaissent comme de petits cordons blancs opaques. Nous recom-

mandons tout particulièrement cette méthode, sur laquelle
nous reviendrons, du reste, plus tard. Malheureusement de
telles préparations ne se gardent pas; la glycérine rend le
tout transparent et fait ainsi disparaître en grande partie le
système nerveux; en l'additionnant de 5 p. 100 d'acide acétique, on peut en conserver quelque peu.

Les coupes transversales faites au niveau du pharynx et les
coupes tangentielles du prolongement céphalique sont d'un
grand secours; les premières nous montrent facilement le
demi-anneau qui passe au-dessus du pharynx; les secondes
nous permettent d'étudier les centres nerveux et les nerfs qui
en partent, la seconde partie du collier nerveux et le commencement des troncs latéraux.

La partie antérieure du système nerveux se compose de
trois masses, reliées les unes aux autres et situées comme
nous allons le dire.

Les deux premiers renflements nerveux sont symétriques et
se trouvent à l'origine du pharynx, immédiatement au-dessous
de la ventouse antérieure. Ils ont une forme irrégulièrement
quadrilatère (voy. Pl. II, fig. 9, *c. ns*); des quatre angles
partent des troncs nerveux. L'angle supérieur, situé contre
le pharynx, donne un gros tronc qui en s'unissant à son congénère, sur la ligne médiane, forme la commissure pharyn-
gienne supérieure (*c. sp*); l'angle inférieur, du même côté,
donne un nerf plus petit qui contourne le pharynx et va s'u-
nir à la masse nerveuse impaire. L'autre angle supérieur
donne naissance à deux nerfs. Le premier (*n. v*), qui n'a pas
encore été décrit, se dirige directement en haut, vers la ventouse, perce sa coque fibreuse et se perd dans sa masse
musculaire. Le second (n^1) a une direction plus oblique; il se
rend aux téguments de la portion terminale du prolongement céphalique. Le dernier angle enfin donne naissance
au tronc latéral de chaque côté.

Le troisième renflement nerveux est situé à l'extrémité inférieure du bulbe pharyngien. Il est très-peu marqué et ne peut se trouver que très-difficilement dans les coupes. Nous ne l'avons vu distinctement que sur des préparations toutes fraîches de Douves complètes. Sa forme est, d'après M. Sommer, semi-lunaire; sa concavité embrasse la base convexe du pharynx. Nous en avons vu, une seule fois, partir deux nerfs, qui, descendant obliquement, prennent sensiblement la direction des deux branches de la bifurcation intestinale.

Les deux troncs latéraux (Pl. II, fig. 9, *n. l*) ont une largeur assez notable. Ils descendent à peu près parallèlement au bord latéral des téguments du prolongement céphalique, s'infléchissent légèrement en dedans au niveau de la ventouse postérieure et continuent ensuite leur chemin en divergeant un peu. On peut facilement les suivre jusqu'à la partie inférieure des sinuosités des testicules, où, devenus très-ténus, ils échappent à la vue. Dans tout leur trajet, ces nerfs sont situés contre les téguments de la paroi ventrale, sous l'intestin, l'oviducte et les testicules.

Dans leur parcours, ils donnent, des deux côtés, des branches destinées aux organes voisins. On remarque surtout dans le prolongement céphalique (fig. 9, n^3) un fort rameau qui se dirige vers les téguments et s'y ramifie. Au-niveau de la ventouse postérieure, au point d'où part un gros nerf destiné à cet organe, on remarque un renflement ovoïde sur le tronc latéral : c'est le seul qu'on trouve sur les deux branches principales ; l'opinion de M. Blanchard, qui indique et figure des séries de ganglions sur ces troncs, aux points d'origine de tous les nerfs qui en sortent, n'est donc pas en rapport avec l'observation.

La composition histologique de ce système est encore fort obscure.

Leuckart attribue à toutes les parties de ce système une enveloppe conjonctive, le périneurium. Cette membrane, si elle existe, est tellement mince et se confond si bien avec le parenchyme ambiant, qu'elle échappe à l'observation.

La partie essentielle de ce système est formée de cellules et de fibres qui doivent être en continuité directe les unes avec les autres.

Les cellules ne répondent pas à la description qu'en donnent les auteurs. Ce sont des éléments arrondis, dont le noyau, très-bien délimité et renfermant un nucléole brillant, est entouré d'une couche de protoplasma clair, faiblement granuleux, se confondant peu à peu avec le tissu environnant (Pl. I, fig. 7, *ce*). Il n'y a pas traces de membranes d'enveloppe, ni de ces nombreux prolongements qu'on y a signalé. Parfois il semble voir une de ces cellules s'effiler à ses deux pôles opposés et se confondre ainsi avec les fibrilles longitudinales. Ces éléments n'ont pas une place déterminée dans le système; on les trouve en plus grand nombre dans les renflements nerveux supérieurs, mais on en rencontre souvent aussi dans les troncs latéraux, possédant les mêmes caractères que les premières. Ce fait montre qu'il n'y a pas lieu d'établir, dans le système nerveux en général, une distinction en ganglions et nerfs ; toutes ces parties ont une même structure, contiennent des éléments cellulaires et doivent être considérées comme des centres nerveux. La même particularité a, du reste, déjà été signalée dans d'autres groupes d'Invertébrés.

Les fibrilles, qui composent la majeure partie du système, sont de petits tractus minces, homogènes, sans aucune différenciation en contenant et contenu.

La terminaison de ces nerfs est inconnue. Nous avons vu un nerf, issu des troncs latéraux dans le prolongement céphalique (Pl. II, fig. 9, n^2) se résoudre, au voisinage des téguments, en cinq ou six branches secondaires, qui s'adossaient aux fibrilles musculaires venant de ces derniers et échappaient à une observation ultérieure.

Les données physiologiques que l'on possède sur ce système sont très-restreintes pour ne pas dire nulles. On est réduit en grande partie à des suppositions. Nous avons vu le premier nerf (Pl. II, fig. 9, *nv*) percer la coque fibreuse de la ventouse, pénétrer dans son intérieur et s'y diviser. Il est donc probable qu'il sert à innerver la puissante musculature de cet appareil. Les nerfs du prolongement céphalique, se rendant aux téguments, sont considérés par Leuckart, comme nerfs tactiles, cette partie étant toujours en avant dans le mouvement et servant, pour ainsi dire, à reconnaître en tâtonnant les obstacles à la progression. La branche qui sort du renflement situé près de la ventouse postérieure, doit être destinée à cet organe. Enfin, les deux branches que nous avons vues sortir du renflement pharyngien inférieur sont, peut-être, l'origine d'un système intestinal.

Appareil digestif.

Le tube digestif de la Douve forme un système ramifié un grand nombre de fois. Il est facile de l'étudier dans son ensemble sur des individus où on l'a injecté par la bouche avec du carmin ou du chromate de plomb en suspension dans l'eau, ou sur ceux qui l'ont complétement rempli d'un contenu brun foncé.

Il est situé, chez les jeunes individus, à peu près au milieu de la masse du parenchyme et plutôt rapproché de la surface ventrale. Plus tard, lorsque les organes sexuels acquièrent leur développement si considérable, ils le refoulent vers la surface dorsale.

Il ne possède qu'une seule ouverture, la bouche, située au fond de la ventouse antérieure; l'absence d'orifice anal est caractéristique de l'ordre entier. Les résidus de la digestion, s'il y en a, sont rejetés par l'unique ouverture.

On peut distinguer deux portions dans cet appareil. L'une, intestin buccal ou œsophagien, est destinée à l'ingestion des aliments; l'autre, intestin stomacal, tube digestif proprement dit, les transforme et les digère. Ces deux parties diffèrent considérablement dans leur structure; les éléments épithéliaux caractéristiques ne se trouvent que dans la seconde.

L'intestin buccal forme un appareil très-compliqué; on peut y distinguer trois parties : l'infundibulum buccal, le pharynx et l'œsophage.

L'infundibulum buccal occupe le fond de la ventouse antérieure. Il est constitué par deux culs-de-sac assez profonds, situés l'un du côté dorsal et l'autre du côté ventral, et séparés l'un de l'autre par deux lames de tissu fibrillaire faisant saillie en avant dans la cavité de la ventouse (Pl. II, fig. 8 et 9, *sa*). Le cul-de-sac antérieur (fig. 8, *csa*) est de beaucoup le plus considérable; il descend jusque vers le tiers inférieur du pharynx. Il présente une structure qui se rapproche beaucoup de celle des téguments; on lui trouve une couche cuticulaire très-épaisse; une couche de fibres musculaires annulaires et une autre couche musculaire longitudinale (Pl. I, fig. 4, *c. sa, mt, m. lt*). Le cul-de-sac postérieur est bien moins considérable (Pl. I et II, fig. 4, 8 et 9, *c. ap*); on lui trouve la même structure qu'au premier; mais la cuticule est bien moins épaisse, la couche musculaire longitudinale est bien moins forte et la couche de muscles annulaires n'est représentée que par quelques fibres isolées. On s'est longtemps mépris sur ces formations; beaucoup d'auteurs les ont considérées comme des glandes. On s'aperçoit facilement du manque de preuves de cette opinion, rien dans leur structure ne pouvant faire penser à une fonction sécrétrice. Ces culs-de-sac doivent simplement avoir pour but de permettre une extension plus grande de la ventouse, et de laisser au pharynx une certaine mobilité dans la cavité ainsi formée.

Les deux masses de tissus qui séparent ces diverticulums (Pl. II, fig. 9, *sa*) ont une forme de coin, la base faisant, dans la cavité de la ventouse, une saillie en générale arrondie et le sommet s'enfonçant profondément entre le pharynx et les tissus voisins. La partie libre est revêtue d'une cuticule qui n'est que le prolongement de celle qui revêt l'intérieur de la ventouse. On trouve à leur surface une couche de fibres longitudinales; la masse est formée d'un tissu fibrillaire qui doit très-bien se prêter à l'extension et où l'on trouve de gros faisceaux musculaires à direction circulaire.

Le bulbe pharyngien, qui vient après, est une masse allongée, dirigée obliquement en bas et en arrière (Pl. I, fig. 4; Pl. II, fig. 8 et 9, *Ph*). Il a la forme d'un ovoïde, dont la petite extrémité, placée en haut, s'enfonce dans l'ouverture inférieure de la ventouse, et dont la grosse se continue avec la partie suivante de l'intestin, l'œsophage. Il est percé, suivant son grand axe d'un canal assez étroit; il a, en moyenne $0^{mm},6$ de long, sur $0^{mm},4$ de large. On comprend que ces dimensions varient suivant l'état de contraction où il se trouve. Il a exactement la structure que nous avons décrite aux ventouses. Une coque fibreuse l'entoure et l'isole des tissus environnants. On lui trouve, en allant de l'extérieur à l'intérieur : une couche mince de fibres musculaires dirigées d'un pôle à l'autre (Pl. II, fig. 8, *m. éq*) ; une couche de fibres annulaires, formée d'une série de faisceaux composés de dix à quinze fibrilles assez minces; une couche épaisse de fibres radiales (*m. ra*), formant la majeure partie de l'organe; et enfin une seconde couche de muscles à direction annulaire dont les faisceaux, isolés les uns des autres, ne sont formés que de trois ou quatre fibrilles beaucoup plus grosses que celles de la première couche circulaire. La couche cuticulaire qui revêt la ventouse et ses culs-de-sac se continue sur la paroi interne du pharynx. Elle présente les mêmes ornementations que la cuticule de la surface du corps.

Dans la couche de fibres musculaires radiales du bulbe pharyngien, on trouve en grande abondance de ces formations à apparence cellulaire, que nous avons déjà signalées dans les ventouses et que nous rattachons à l'appareil vasculaire.

A la suite du pharynx, nous trouvons une cavité impaire assez large, qui est comme suspendue à la base de ce dernier. Cette cavité (Pl. II, fig. 8, *œ*), qui a été regardée par tous les auteurs comme le commencement de l'intestin stomacal, doit en être séparée et laissée dans la portion du tube intestinal servant à l'ingestion des aliments. Elle diffère de la partie digestive par le manque de l'épithélium propre à cette dernière; elle n'exerce conséquemment aucune action sur la masse alimentaire, aussi lui réservons-nous le nom d'œsophage. Comme structure, elle possède une épaisse couche cuticulaire plissée, continue avec la couche correspondante du bulbe pharyngien, une couche de fibres annulaires, formée de petits faisceaux de deux ou trois fibrilles, et une couche de fibres longitudinales.

Cette partie œsophagienne atteint à peine une longueur égale à celle du pharynx; arrivée à la hauteur de la poche du cirre, elle se bifurque et donne deux branches qui contournent cet organe et la ventouse postérieure, se rapprochent ensuite un peu de la ligne médiane et continuent leur course jusqu'à l'extrémité du corps. De chaque côté, ces branches de l'intestin donnent des rameaux qui, en se divisant dichotomiquement, forment pour la plupart de petits systèmes arborescents irrégulièrement triangulaires dont la pointe est au rameau d'origine et dont la base est formée par les terminaisons des dernières ramifications situées le long des bords latéraux du corps. Du côté interne, les rameaux sont très-courts et peu nombreux; ce sont de petits cœcums appendus aux branches principales, à l'extrémité desquelles on aperçoit à peine des traces de dichotomie. Du côté externe, les ramifications sont beaucoup plus nombreuses et plus compliquées; on en trouve de chaque côté de 16 à 17, dont les deux premières, contenues dans le prolongement céphalique ne se ramifient qu'une ou deux fois, mais dont les autres, surtout celles de la portion la plus large du corps,

présentent jusqu'à six et sept dichotomies. On ne peut pas
dire rigoureusement que les branches principales se continuent jusqu'à l'extrémité postérieure du corps; en effet, arrivées vers le quart postérieur de l'animal, elles se résolvent
en une sorte de bouquet terminal, où l'on ne peut distinguer
le rameau principal des branches secondaires. Tous ces rameaux se terminent par de petits cœcums arrondis et souvent gonflés par l'accumulation du contenu.

Cette partie de l'intestin présente dans toute sa longueur
la même structure. Au-dessous de l'enveloppe, très-déve-
loppée ici, que le tissu du parenchyme fournit à tous les organes, on distingue la paroi musculaire très-nette, formée de
fibres longitudinales, renfermant entre elles de nombreux
faisceaux à direction annulaire; ce revêtement musculaire est
certainement propre à l'organe, et est complétement distinct
des faisceaux du parenchyme (Pl. II, fig. 10, *ml* et *mt*). Sur
cette couche, on trouve, assez difficilement toutefois, une
membrane mince, hyaline, une sorte de *tunica propria* (*m.f*)
qui supporte l'épithélium caractéristique de l'intestin. Cet
épithélium (*ép*) est constitué par de grandes cellules, pouvant atteindre $0^{mm},05$ de longueur, appartenant au type des
cellules cylindriques, contenant un gros noyau et un protoplasma très-granuleux. Ces cellules sont, comme l'a an-
noncé M. Sommer, ouvertes à leur partie libre et le
contenu protoplasmique envoie par cet orifice un pinceau de
prolongements qui, d'après cet auteur, seraient animés de
mouvements amiboïdes. Ce fait n'a rien de surprenant, les
cellules ciliées venant d'être signalées jusque dans le tube
digestif des Vertébrés (1). C'est, de plus, une preuve à l'appui
de l'opinion qui voit dans les cils vibratiles, des tractus éma-
nant directement du protoplasma cellulaire.

(1) Max Braun, *Zum Vorkommen von Flimmerepithel im Magen (Rana tem-
poraria).* [*Zoologischer Anzeiger,* n° 69, 15 nov. 1880.]

R. Blanchard, *Sur la Présence de l'épithélium vibratile dans l'intestin des
Tritons.* (Id., n° 72, 27 déc. 1880.)

Le contenu de l'intestin est formé de la même matière brune qu'on trouve en grande abondance dans les canaux biliaires de l'individu malade. On y trouve, au microscope, des cellules épithéliales très-altérées, qui proviennent des conduits biliaires et un assez grand nombre de petits globules assez analogues d'aspect aux globules de chyle. L'analyse chimique nous révèle la présence d'une grande quantité d'acides biliaires et de bilihumine. Ni les recherches microscopiques, ni l'analyse spectrale, faite avec grand soin par M. le professeur Ritter, ne nous ont indiqué la présence d'éléments ou de matières colorantes du sang de l'hôte du Distome. Évidemment, ce contenu n'est pas propre à être complétement absorbé; il doit en être expulsé une partie comme excréments. On n'a pas encore pu se rendre compte de ce fait; mais, dire, avec M. Blanchard, que la couleur foncée de la bile du mouton cachectique est due aux matières excrémentitielles rejetées par la Douve, est certainement une erreur. Cette coloration est due, comme nous l'avons déjà exposé plus haut (1), à la transformation des matières colorantes de la bile, tranformation occasionnée par la stagnation de ce liquide dans les conduits du foie.

Le mode d'introduction de la nourriture dans l'intestin est assez complexe. Le bulbe pharyngien joue un grand rôle dans cette action par ses muscles intrinsèques et extrinsèques. Nous connaissons les premiers, il nous reste à étudier les seconds. Les muscles extrinsèques du pharynx sont au nombre de deux, nommés par Leuckart protracteur et rétracteur.

Le protracteur du pharynx (Pl. II, fig. 8 et 9, *p. ph*) est un sac musculeux qui prend son insertion sur tout le pourtour inférieur de la ventouse et embrasse le pharynx dans ses deux tiers inférieurs, sauf à l'endroit de l'insertion de l'œsophage. On comprend que, prenant son point d'appui

(1) Voir page 20, note 1.

sur la ventouse, il ait pour fonction de projeter le pharynx dans l'infundibulum buccal.

Le rétracteur du pharynx (Pl. II, fig. 8, *r. ph*) s'insère, d'une part, à la partie antérieure du pharynx, en passant sous la commissure nerveuse supérieure, et, de l'autre, aux téguments du prolongement céphalique, vers le milieu de cette partie. Il a pour action, d'abord, de tirer la partie antérieure du pharynx vers le haut, et ensuite de faire descendre l'organe tout entier.

Nous avons ici un appareil représentant exactement une pompe aspirante et foulante. L'animal est fixé par sa ventouse, et la cavité de cette dernière, agrandie par la dilatation des culs-de-sac, est en partie remplie du mélange de mucus et de bile qui doit être introduit dans son estomac. Le pharynx, projeté par son muscle protracteur, pénètre béant dans la cavité, se remplit d'une certaine quantité du contenu, que ses muscles propres font progresser dans son intérieur, et est ramené dans sa position primitive par son muscle rétracteur. La ventouse se remplit d'une nouvelle quantité de bile, et la même action recommence.

Une fois dans l'intestin, le contenu progresse de proche en proche, poussé par les contractions des parois de cet organe. Ces contractions sont très-faciles à suivre sur les individus vivants qui ont le tube digestif plein; nous n'avons jamais vu de contractions pouvant produire l'expulsion d'une partie non digérée de ce contenu. Ces mouvements sont produits par les couches musculaires des parois de l'intestin et non pas seulement par les faisceaux du parenchyme.

Appareil vasculo-excréteur.

Le système de vaisseaux répandu dans le corps de la Douve fut décrit pour la première fois par Bojanus (1); cet

(1) Bojanus, *Enthelminthica. Isis* von Oken, 1821.

observateur annonça l'existence d'un tronc longitudinal médian où aboutissait un réseau à mailles serrées situées dans le parenchyme. Plus tard, M. Blanchard (1) en fit une étude complète et le décrivit comme un appareil clos, en niant l'existence du pore terminal. Les observations de M. Van Beneden (2), faites peu de temps après, vinrent confirmer les données anatomiques du savant français. M. Sommer, enfin, a ajouté d'importants résultats à ceux de ses prédécesseurs.

Au point de vue de la facilité de l'étude, nous pouvons diviser cet appareil en trois parties : les gros troncs, à direction longitudinale, variant peu de calibre ; le réseau à grosses mailles situé dans le parenchyme ; et le réseau à petites mailles, dont les vaisseaux ont des dimensions très-irrégulières, présentent parfois des dilatations considérables et sont situés sous les téguments.

L'étude de ce système se fait facilement au moyen des injections colorées. En se servant d'une seringue de Pravaz ou de canules en verre étirées à la lampe et d'une solution foncée de carmin ou de bleu d'aniline, on obtient des préparations, qui, conservées dans le baume du Canada, prennent un très-bel aspect. On pique la canule dans la région postérieure et médiane du corps et on injecte une très-faible quantité de matière colorante. On peut procéder en sens inverse pour avoir les vaisseaux de la partie postérieure. Il arrive souvent que l'injection, au lieu de se borner à remplir ce système pénètre dans une partie de l'appareil digestif. Certains observateurs en avaient conclu à l'existence de communications entre ces différents organes. Il est facile de s'assurer de leur séparation complète, en opérant sur des individus tués len-

---

(1) Blanchard, *Recherches sur l'organisation des vers.* (*Ann. sc. nat. Zool.,* 3ᵉ série, t. VII et VIII.)

(2) Van Beneden, *Note sur l'appareil circulatoire des Trématodes.* (*Ann. sc. nat. Zool.,* 3ᵉ série, tome XVII.)

tement, sans contractions trop fortes et en poussant l'injection avec lenteur. Si l'on se sert de Douves qu'on a laissées mourir dans l'eau, on obtient de mauvais résultats. Ce liquide, en effet, provoque de très-fortes contractions de l'intestin, contractions qui souvent occasionnent le rejet de son contenu à l'extérieur par l'ouverture buccale et qui amènent la rupture des parois en plusieurs points, comme on peut le constater au microscope. Nous nous sommes toujours très-bien trouvé d'user d'individus ayant séjourné quelques jours dans l'alcool au tiers; l'injection réussissait bien mieux que sur des Douves vivantes.

Pour l'étude du réseau superficiel, le procédé d'éclaircissement à l'aide de la potasse donne de très-bons résultats. L'alcool, en effet, contracte beaucoup plus les couches tégumentaires et diminue conséquemment le calibre des vaisseaux en changeant aussi leur forme; de plus, la matière colorante pénètre difficilement dans les plus fins ramuscules vasculaires. La solution alcaline coagule le contenu des vaisseaux tout en éclaircissant le tissu ambiant; ceux-ci apparaissent donc gris foncé sur les tissus rendus transparents. On obtient de cette manière un réseau superficiel tellement riche, qu'en beaucoup d'endroits il marque en grande partie les organes qu'il recouvre. Les résultats que donne ce procédé, étant conformes à ceux que donnent les injections, dans les endroits où elles peuvent pénétrer, on est autorisé à les considérer comme bons.

Le système des troncs longitudinaux commence à la partie inférieure du corps, par une ouverture allongée, ovalaire, le pore terminal, le *foramen caudale* des auteurs. Ce pore a une longueur d'environ $0^{mm},5$; sa largeur atteint à peine $0^{mm},1$; souvent même ses deux bords sont tellement rapprochés qu'il est impossible de le distinguer. On l'aperçoit facilement sur les Douves durcies à l'alcool absolu; en laissant évaporer l'alcool, lorsque la surface commence à sécher, l'orifice apparait très-nettement. Cette ouverture est située sur la face dorsale du Ver, immédiatement avant sa terminaison; elle s'évase un peu en entonnoir, et ses bords portent des plis étoilés. Le tronc longitudinal médian y aboutit immédiatement et se dirige directement en haut. A sa naissance, sa largeur n'est guère que la moitié de celle qu'il atteint au terme de sa course. Durant tout son parcours, ce tronc médian garde sa situation dorsale; il est situé immédiatement sous les téguments de ce côté, au-dessus du tube digestif, des vitellogènes et des testicules. Nous avons constaté cette situation dorsale de la portion inférieure du même appareil, la vésicule terminale, chez de nombreux petits Distomes où cette cavité prend un développement énorme (1). A une faible distance de la glande coquillère (de 1^{mm} à $0^{mm},5$), ce vaisseau plonge et se rapproche de la surface ventrale. Sur toute cette longueur, il émet des deux côtés des branches latérales, qui se ramifient un grand nombre de fois, les unes sous les téguments de la face dorsale, les autres sous ceux de la face opposée, formant ainsi deux systèmes bien distincts. De nombreuses anastomoses relient les rameaux d'une même branche et ceux des branches différentes. Souvent ce vaisseau impair n'est pas situé exactement sur la ligne médiane, mais est déjeté d'un côté ou d'un autre; le pore terminal présente alors la même anomalie.

Lorsque le tronc médian s'est rapproché de la surface ventrale, il se divise en deux vaisseaux qui conservent presque le même calibre que lui. Ces deux vaisseaux se dirigent vers le haut en divergeant très-peu l'un de l'autre. Ils croisent perpendiculairement le vitelloducte transversal et embrassent la glande coquillère, puis passent sous les circonvolutions de l'oviducte. Ils envoient à la fois des rameaux aux téguments dorsaux et ventraux et d'autres assez nombreux

(1) E. MACÉ, *Des Trématodes parasites des grenouilles.* (*Bulletin de la Soc. d'ét. scient. du Finistère,* 1880.)

aux canaux de l'appareil femelle. Les parois de ces canaux étant très-minces et très-distendues par les œufs, il arrive souvent qu'il se produit des ruptures dans cette région, au moment où l'on pousse l'injection colorante. Les deux troncs ne se laissent pas facilement suivre au delà de cette région, à cause du nombre et de l'importance des rameaux qui en sortent. Ils se divisent, au sortir du peloton utérin, en quelques gros vaisseaux, qui circonscrivent la base de la ventouse postérieure et donnent deux systèmes bien distincts, destinés l'un à la surface dorsale du prolongement céphalique, l'autre à sa surface ventrale. Le premier est formé de plusieurs rameaux qui se trouvent entre le sac du cirre et les téguments. Le second se compose essentiellement de deux troncs longitudinaux assez gros, courant, sous les téguments, parallèlement aux troncs principaux du système nerveux et aux bords latéraux du prolongement céphalique. Ces deux vaisseaux se laissent suivre jusqu'à la naissance de la ventouse orale. Ils présentent, au niveau de la moitié du pharynx, une anastomose transversale très-nette. Les deux systèmes du prolongement céphalique donnent des rameaux se distribuant au bulbe pharyngien.

Nous avons vu des deux côtés de nos vaisseaux longitudinaux, sortir des branches qui se dirigent à travers le parenchyme, vers la surface ventrale ou la surface dorsale et s'étalent sous la couche tégumentaire. De nombreuses anastomoses venant à relier le tout, on ne peut bientôt plus distinguer à laquelle des branches appartient tel ou tel rameau du lacis vasculaire. De ce premier réseau partent de plus petits vaisseaux qui viennent former un second lacis plus superficiel encore. Les vaisseaux de ce dernier système se distinguent de suite de ceux du premier par leur calibre bien moindre et leur grande irrégularité de forme. Ce réseau peut surtout s'étudier sur les individus ayant macéré dans une solution de potasse à 20 p. 100. On trouve alors un nombre considérable de masses étoilées qui, au premier abord, semblent bien distinctes les unes des autres, mais qu'une observation minutieuse, faite à un grossissement moyen, montre reliées les unes aux autres par de petits tractus, que parfois une petite quantité de contenu montre être de petits vaisseaux aplatis par la contraction des tissus environnants. Ce sont ces formations que M. Sommer appelle cellules étoilées et dans lesquelles il voit l'origine du système vasculaire. Pour nous, ce sont des parties du réseau vasculaire dilatées par l'accumulation d'une certaine quantité du contenu de l'appareil ; les branches qui forment les rayons de l'étoile sont de petits vaisseaux aplatis, que l'on n'arrive jamais à suivre sur les pièces injectées. De plus, de distance en distance, on trouve dans les mêmes régions, un certain nombre de grandes dilatations, sortes de sinus vasculaires communiquant avec les fins tractus du réseau.

Sur les préparations injectées, le réseau vasculaire de chacune des deux faces semble être nettement distinct, les dernières ramifications de chaque système s'arrêtant au bord latéral de la partie postérieure du corps, un peu au delà de la limite des vitellogènes. Toutefois, quelques observations nous portent à croire qu'il y a, en cet endroit, communication directe entre le réseau dorsal et le réseau ventral et que ces deux systèmes réunis ne forment qu'une espèce de sac à mailles étroites entourant le parenchyme et les différents organes.

Ce système peut facilement se laisser ramener au type qu'on lui reconnaît chez la plupart des espèces de Trématodes et surtout chez certains petits Distomes, où sa grosseur et son contenu réfringent le font suivre dans presque tout son parcours. Là, il consiste en un réseau de vaisseaux très-fins, logés dans les tissus, et en deux gros troncs latéraux, qui débouchent au pôle postérieur du corps dans une vésicule contractile commune, s'ouvrant par un pore à l'extérieur. On a cru longtemps que notre Douve échappait à cette loi d'organisation du groupe, que l'on retrouvait cependant chez sa voisine, *Distoma lanceolatum*, au moins avant l'envahissement du corps par les organes sexuels. On peut toutefois ramener au type général cette forme d'appareil vasculaire, qui au premier abord paraît tant soit peu aberrante. Si l'on compare, en effet, le *Distoma hepaticum* avec une quelconque des espèces du même genre, on remarque de suite que chez la première il existe une disproportion énorme entre la partie antérieure et la partie postérieure au profit de cette dernière. On en trouve facilement la raison. Chez les autres Douves, les testicules sont petits, globuleux, et les vitellogènes assez peu développés; ici, au contraire, les testicules ont pris la forme tubulaire et leurs nombreuses sinuosités remplissent un large espace; les vitellogènes sont considérablement accrus et deviennent un des organes les plus importants en grandeur de l'animal. Aussi la partie postérieure du corps a dû subir, pour les contenir, une augmentation de volume en rapport avec leur développement. Elle s'est allongée, en quelque sorte étirée, pour pouvoir accomplir ses fonctions; et il est arrivé ce qu'on remarque, par exemple, chez les serpents : certains organes ont dû subir une élongation considérable pour conserver leurs rapports; la vésicule terminale est devenue le vaisseau longitudinal médian et les deux troncs longitudinaux, étant situés dans la portion antérieure, ont conservé leur forme et leur situation habituelle. Si l'on arrivait à connaître la forme jeune de la Douve, il est probable qu'on lui trouverait une grosse vésicule excrétrice, la partie postérieure ne devant atteindre sa grandeur considérable que secondairement; du reste, chez beaucoup d'autres Distomes, et même chez *Distoma lanceolatum*, les individus jeunes se font remarquer par la grosseur extraordinaire de leur vésicule excrétrice; avec les progrès du développement, cette vésicule change un peu de forme et ne garde plus, la plupart du temps, que des proportions assez restreintes.

Chez tous les Vers, en connexion avec le système de fins canaux répandus dans tout le corps, on trouve de petits appareils particuliers, ayant souvent la forme d'entonnoirs, s'ouvrant librement dans les interstices des organes et munis sur leur paroi interne d'un revêtement vibratile. Ils ont été découverts chez les Annélides, où ils se répètent dans chacun des segments du corps ; pour cette raison, on leur a donné le nom d'organes segmentaires. On n'a pas soupçonné pendant longtemps la présence d'organes homologues chez les Helminthes. Cependant, dès 1860, L. Thiry (1) avait signalé chez des nourrices et des grand'nourrices de *Cercaria macrocerca* la présence de cellules vibratiles, répandues dans la cavité générale et en connexion avec l'appareil excréteur. Cette observation avait passé inaperçue, lorsqu'en 1879 Bütschli la reprit et vint signaler chez *Cercaria armata* des formations semblables (2). Il décrivit dans cette Cercaire parasite de *Planorbis corneus*, le système vasculaire comme se terminant dans le parenchyme par de petits entonnoirs vibratiles. Ces résultats furent étendus l'an dernier à plusieurs Trématodes adultes par mon savant ami, M. Julien Fraipont, de Liège, qui fit le premier connaître la présence de semblables organes chez plusieurs genres de Trématodes (3). Il décrit ces petits entonnoirs comme constitués en grande partie par une seule cellule qui porte, sur une petite plaque différenciée, une flamme vibratile. A chaque entonnoir abou-

(1) L. THIRY, *Beiträge zur Kenntniss der Cercaria macrocerca.* (*Zeitschrift f. wissensch. Zoologie.* Bd. X, p. 271-277. Tafeln 20-21.)

(2) BÜTSCHLI, *Bemerkung über den excretorischen Gefässapparat der Trematoden.* (*Zoologischer Anzeiger,* II Jahrgang, 1879, n° 42, 17 novembre.)

(3) J. FRAIPONT, *Recherches sur l'appareil excréteur des Trématodes et des Cestoïdes.* (Notes prélim. in *Bull. de l'Acad. royale de Belgique,* 2e série, t. XLIX, n° 5; 1880, p. 397-402; t. L, n° 8, p. 106-110. *In extenso* in *Arch. de biologie,* t. I, fasc. 3.)

tit un système de canalicules très-fins, qui se réunissent et viennent s'aboucher dans un système de canaux se continuant avec les deux troncs longitudinaux du système vasculaire et le réservoir terminal. Il a retrouvé les mêmes petits entonnoirs parmi les Cestoïdes, chez *Caryophyllœus mutabilis*, chez le Cysticerque de *Tœnia serrata*, chez *Tœnia serrata* et *T. cucumerina* du chien.

En étudiant un petit Distome de l'intestin de *Vespertilio murinus*, nous avons eu l'occasion d'observer une disposition toute nouvelle d'organe cilié. L'entonnoir vibratile est unique; c'est une cupule assez grosse, située sur la ligne médiane, vers le tiers postérieur du corps, immédiatement sous le vitelloducte transversal. Son diamètre est presque la moitié de celui de la ventouse postérieure, placée un peu au-dessus de lui. Son orifice, tourné du côté ventral du corps, est muni d'une couronne de longs cils vibratiles qui, lorsqu'ils sont en mouvement, lui donnent tout à fait l'aspect d'une des roues ciliées de certains Rotifères. De cet entonnoir cilié partent quatre vaisseaux; deux supérieurs se dirigent vers le haut et deux inférieurs prennent une direction transversale. Après un très-court trajet, ces derniers s'ouvrent chacun dans la branche correspondante de la grande cavité terminale de l'appareil (1).

Jusqu'ici les terminaisons vibratiles de l'appareil vasculaire de *Distoma hepaticum* ont échappé à tous les observateurs. La cause de cet échec est certainement la grande dif-

---

(1) Ce Distome a de grandes analogies avec *Distoma ascidia* de Van Beneden. Il en diffère cependant par quelques caractères assez importants. Les vitellogènes, au lieu de se trouver dans la portion antérieure du corps, en avant de la ventouse postérieure, comme chez *Distoma ascidia*, occupent la partie postérieure du corps ; ce sont deux glandes rameuses, en forme d'H, situées sous l'extrémité supérieure des branches de la vésicule excrétrice. Leur vitelloducte transversal passe sur l'organe cilié en question et présente un réservoir pyriforme. L'intestin forme deux larges cœcums qui arrivent à peine à la hauteur de la seconde ventouse. (Voir E. MACÉ : *Sur une forme nouvelle d'organe segmentaire chez les Trématodes. Comptes rendus des séances de l'Acad. des sciences*, XCII, nº 8, p. 420. 1881.)

ficulté d'observer l'animal vivant à des grossissements assez
forts, à cause de la trop grande épaisseur du corps. M. Sommer
place les origines de ce système dans les formes étoilées que
l'on voit en grande abondance sur les pièces injectées; on a
vu précédemment que ces formations n'avaient probablement aucune individualité propre; d'ailleurs on peut presque
affirmer qu'un organe, ayant une constance si remarquable
dans un groupe aussi vaste et aussi hétérogène que l'est celui des Vers, doit se retrouver dans toutes les espèces de ce
groupe; ou bien alors il y a une cause qu'il faut mettre en
lumière. On doit donc trouver des entonnoirs ciliés chez la
Douve; jusqu'ici, nos recherches ont été infructueuses; peut-
être, en se servant d'autres moyens d'investigation, obtiendra-
t-on des résultats plus satisfaisants (1).

Nous serions assez tenté de rapprocher de ces cellules
vibratiles certaines formations particulières qu'on doit peut-
être rattacher à l'appareil vasculaire, tandis que les autres
auteurs, qui se sont occupés du *Distoma hepaticum,* les ont
vues d'un tout autre côté.

En parlant de la structure des ventouses et du bulbe pharyngien, nous y avons signalé la présence de formations
spéciales que l'on prend tout d'abord pour des cellules de
grandes dimensions, et qu'une étude approfondie, faite au
microscope binoculaire, a fait considérer, non plus comme
des éléments cellulaires, mais comme appartenant au système de vaisseaux que nous venons d'étudier.

Walter (2) en a fait des cellules plasmatiques du tissu conjonctif, tout en remarquant la ressemblance de leur contenu
avec celui des vaisseaux. Leuckart (3) les pren d pour des
glandes unicellulaires déversant dans le pharynx un produit

(1) Depuis, M. J. Fraipont, en examinant des Douves avec l'objectif n° 13 de
Hartnack, y aurait reconnu la présence d'entonnoirs ciliés. (Lettre particulière, 1881.)

(2) WALTER, *Beiträge zur Anatomie und Histologie einzelner Trematoden.*
(Archiv für Naturgeschichte, 1853.)

(3) LEUCKART, *Die Menschlichen Parasiten.* Bd. I, p. 541.)

analogue à la salive : « *Wahrscheinlicher Weise als Speichel-
drüsenzellen fungiren dürften.* » Stieda (1), qui, ne leur ayant
jamais trouvé de canal excréteur, ne croit pas à leur nature
glanduleuse, les regarde, à cause de leur aspect, comme des
cellules ganglionnaires nerveuses : « *Weil ich ebenfalls keine
Einmündung gesehen habe, wohl aber die eben geschilderte
Anordnung, so muss ich mich stützend auf das Aussehen der
Zellen für die Ansicht erklären, die Zellen für die Nerven-
zellen zu halten.* » Salensky (2), les observant dans le parenchyme du *Monostomum foliaceum*, les nomme *problematis-
che Zellen*, pour ne rien préjuger de leur fonction.

Ces formations ont environ, dans notre Douve, $0^{mm},06$ de
long, tantôt un peu plus, tantôt un peu moins. Nous en avons
trouvé dans les deux ventouses, le bulbe pharyngien, le parenchyme, les couches inférieures des téguments, dans la
couche de tissu fondamental qui enveloppe les différents organes. Elles ont en général une forme ovalaire et souvent un
de leurs pôles se termine par un prolongement qui se perd
dans le tissu environnant. A un grossissement moyen, on croit
reconnaître très-nettement un corps cellulaire sans membrane, dans lequel se trouve un gros noyau, au milieu duquel
on voit un nucléole brillant (Pl. I, fig. 4, *d. v*; Pl. II, fig. 8
et 9, *d. v*). Mais déjà, en éloignant un peu l'objectif de la préparation, on voit les bords du noyau devenir moins nets,
puis se fondre avec le soi-disant protoplasma de la cellule ;
en mettant de plus au foyer sur le plan inférieur, on distingue très-souvent un orifice central dans le nucléole (Pl. II,
fig. 11, *B*). Ce n'est toutefois qu'avec un bon microscope binoculaire que l'on arrive à se faire une idée exacte de ces
formations. En en examinant un très-grand nombre avec

(1) STIEDA, *Beiträge zur Anatomie der Plattwürmer. Anatomie des Distoma
hepaticum. (Archiv. für Anat., Physiol. und wiss. Medicin,* von Reichert und
Dubois-Reymond. 1867.)

(2) SALENSKY, *Ueber den Bau und die Entwickelungsgeschichte der Amphilina.
(Zeitschrift für wissenschaftliche Zoologie,* 1874.)

M. le professeur Morel, nous nous sommes convaincus de l'existence, chez la plupart d'entre elles, d'un canal très-évident partant du nucléole et se perdant bientôt dans le tissu voisin (Pl. II, fig. 11, *A, B, C*); parfois même ce canal, se recourbant, se montrait sectionné une seconde fois un peu plus loin, comme nous l'avons figuré en *B.* De plus, on rencontre assez souvent de ces apparences de cellules nettement réunies deux à deux, l'une des deux seulement présentant son noyau et son nucléole; quelquefois elles se ramifient un plus grand nombre de fois. Le contenu en est une matière granuleuse, toujours identique, très-semblable au contenu des vaisseaux; comme ce dernier, il noircit par l'acide osmique.

Si l'on discute les différentes opinions précédemment exposées sur ces formations à apparence cellulaire, on s'aperçoit facilement de leur manque de solidité; elles ne sont pas, en effet, en rapport avec l'observation simple des choses. L'hypothèse de Leuckart, qui en faisait des cellules glandulaires en connexion avec l'appareil digestif, n'est plus admissible depuis qu'on en a retrouvé dans la ventouse ventrale et dans tout le parenchyme. D'ailleurs, on n'est jamais arrivé à voir leur canal excréteur et souvent, dans le pharynx même, leur orientation ne leur permet pas de s'ouvrir dans cet organe. On ne peut guère plus s'en tenir à l'opinion de Stieda qui en fait des cellules nerveuses ganglionnaires; nous avons en effet décrit la forme de ces éléments dans les troncs nerveux et montré qu'elles en diffèrent beaucoup par la grandeur et l'aspect. Il serait étonnant de trouver, dans les parties terminales des nerfs, des cellules beaucoup plus développées que celles des masses principales du système. Nous avons, du reste, fréquemment suivi, dans un assez long trajet, des fibrilles provenant des bouquets terminaux des nerfs, qui se rendent aux téguments du prolongement céphalique, et nous n'y avons jamais vu appendues de semblables formations.

Pour nous, ces apparences sont dues à de petites dilatations, appartenant au système des vaisseaux et qui ont été intéressées par la coupe. La masse protoplasmique, à laquelle on ne distingue jamais de membrane, n'est que le corps même de la dilatation, qui, comme on se l'imagine facilement, présente une forme d'entonnoir ; le noyau n'en est que le fond, où l'on voit aboutir le canal, qui la relie au reste du système et dont la coupe donne le nucléole.

Malgré les tentatives faites pour les isoler, nous ne sommes arrivés à aucun résultat. Une fois cependant nous avons vu un vaisseau assez long, situé dans le parenchyme, présenter tout à coup une dilatation pyriforme, qui se terminait brusquement par une pointe très-aiguë. La préparation ayant été soumise à l'action de réactifs, nous n'avons pu faire une étude de détails. Aurions-nous eu sous les yeux un orifice cilié ?

Ce qui doit faire encore pencher vers l'idée d'une dilatation vasculaire et rejeter celle d'élément cellulaire, ç'est que la compression exercée sur ces formations, comme par exemple quand la pièce est trop serrée dans le microtome, leur donne un aspect tout particulier. On n'aperçoit plus, au milieu d'une masse ovale, qu'une longue fente transversale, noyau et nucléole ont complétement disparu. Il est évident qu'une cellule ne peut jamais, dans les mêmes conditions, présenter cette particularité.

La question de savoir si les vaisseaux ont, oui ou non, une paroi propre chez ces êtres est très-controversée. Beaucoup d'auteurs en effet, regardant ces vaisseaux comme des interstices du parenchyme, leur refusent toute individualité. Cependant, même en les regardant comme représentant ici la cavité générale du corps, il serait bien difficile de ne pas leur accorder le revêtement mince et anhiste qu'on trouve toujours à cette dernière. Pour nous, les vaisseaux ont bien une membrane propre ; on la reconnaît parfaitement sur les très-fins canaux sous-tégumentaires, noircis par l'acide osmique (Pl. II, fig. 11, *D*). Nous ne sommes pas parvenus à distinguer celle des gros troncs, elle se confond par trop avec le tissu environnant. On voit par là que ces vaisseaux ne peuvent d'eux-mêmes se contracter, comme l'ont admis beaucoup d'auteurs, mais que la progression et l'expulsion de leur contenu doivent se faire par les contractions des parties du corps où ils se trouvent. Nous avons remarqué ce fait chez plusieurs petits Distomes à vésicule excrétrice très-grande, que tous les auteurs qualifient d'utricule contractile. Les contractions de cette dernière sont toujours accompagnées de celles de la partie du corps où elle se trouve. Quant à l'épithélium cilié que certains auteurs ont décrit à la surface interne des vaisseaux, nous ne l'avons retrouvé nulle part.

Le contenu de cet appareil consiste en gouttelettes très-petites, assez réfringentes, présentant une remarquable résistance aux réactifs. Ces gouttelettes se colorent fortement en noir par l'acide osmique ; ce qui les rapprocherait des matières grasses. Nous avons constaté, dans ces Douves, la présence, en quantité notable, d'un corps de la série urique, qui, par ses réactions, diffère de l'acide urique et de la guanine. On doit probablement le rapporter au contenu des vaisseaux.

On a jusqu'ici beaucoup discuté sur la signification physiologique de ce système. Siebold (1) y distinguait une partie circulatoire et une partie excrétrice. Plus tard, M. Blanchard (2) réfuta cette opinion en établissant l'unité anatomique de tout l'appareil. On en vint alors à le considérer exclusivement comme appareil excréteur. On ne peut certainement pas lui refuser une fonction excrétrice ; son ouverture à l'extérieur, l'expulsion par intervalles d'une certaine quantité de contenu, fait qui se voit surtout bien chez les petites espè-

---

(1) Siebold, *Manuel d'anat. comp.* Traduct. franç. 1re partie, p. 136 et suiv.
(2) Blanchard, *loc. cit.*

ces, doivent certainement lui faire attribuer ce rôle. Mais de là à ne pas vouloir reconnaître à ces êtres un appareil vasculaire, destiné au transport des matières assimilables dans tout l'organisme, il y a une énorme distance. Encore le fait n'est pas aussi frappant chez notre *Distoma hepaticum* que chez d'autres grosses espèces du même genre. Chez lui, en effet, l'appareil digestif remplissant de ses arborisations une grande partie du corps, on pourrait objecter que l'échange nutritif se fait directement, quoique des parties les plus importantes, la partie antérieure du prolongement céphalique et les ventouses, se trouvent un peu en dehors de cette action. Chez d'autres Distomes, où l'intestin n'est composé que de deux cœcums relativement réduits, la même explication ne peut être invoquée et l'on n'a fait que reculer la question. Il vaut donc bien mieux admettre ici, comme contre-partie du principe de la division du travail résultant de la dégradation de l'organisme, que le même appareil doit jouer les deux rôles. Cette explication ne doit du reste pas paraître trop anormale puisque, dans toute la série animale, nous voyons l'appareil excréteur en connexion intime et sous la dépendance immédiate du système sanguin. Aussi pourrait-on proposer, pour ce système de vaisseaux, le nom d'appareil vasculo-excréteur.

Nous ne croyons pas que l'on puisse rigoureusement comparer cet appareil à son analogue chez les Cestoïdes. Les conditions de nutrition sont, en effet, trop changées; la présence d'un tube digestif chez les Trématodes doit nécessiter des modifications dans le mode d'absorption et de transport des matériaux alibiles.

Organes génitaux.

Les organes génitaux du *Distoma hepaticum* ont été très-bien décrits par M. Sommer dans son mémoire; aussi y a-t-il peu à ajouter aux données de cet observateur.

Organes mâles.

Les organes mâles se composent des glandes qui sécrètent le sperme, les testicules, et des canaux qui servent à l'évacuation de ce liquide.

Testicules. Les testicules forment deux glandes en tubes, qui, par leurs sinuosités, remplissent une grande partie de l'espace médian du corps (*Hodenfeld*, espace testiculaire, Leuckart). Leurs nombreux cœcums, situés sous les téguments de la surface ventrale, se réunissent en trois ou quatre troncs efférents qui convergent pour donner naissance à un canal de moindre diamètre, le canal déférent. On étudie très-facilement ces organes sur les individus qui ont macéré dans de l'eau potassée ; on peut ainsi suivre les différents cœcums dans tout leur parcours, et les rapporter exactement à la glande à laquelle ils appartiennent. Lorsqu'au contraire on les observe sur des animaux frais ou montés dans le baume du Canada, on n'a plus sous les yeux qu'un paquet peu distinct, où l'on ne sépare que très-difficilement ce qui appartient à une glande de ce qui appartient à l'autre.

D'après leur position, les testicules peuvent être distingués en antérieur et en postérieur.

Le testicule antérieur est celui dont le canal déférent se trouve à gauche de la ligne médiane du corps. Il a une position inférieure relativement à l'autre, ses sinuosités étant plus rapprochées de la face ventrale que celles du postérieur qui les recouvrent en partie. Son canal déférent commence à peu près au niveau de la bifurcation du vaisseau médian. Les cœcums qui le composent ne dépassent guère la moitié de la partie postérieure du corps ; en avant, ils arrivent jusqu'au vitelloducte transversal et même jusque sous les branches inférieures de l'ovaire.

Le testicule postérieur s'étend beaucoup plus loin que le

dernier ; sur les individus bien développés, il atteint presque l'endroit où les deux bandes noirâtres formées par les vitellogènes se réunissent, ce qui correspond environ au dernier cinquième de la portion élargie de la Douve. Son canal déférent commence très-bas et monte droit vers la partie antérieure pour venir se placer parallèlement à celui de l'autre testicule. Ses sinuosités ne dépassentpasle nive au du commencement du canal déférent du premier.

Les deux canaux déférents, arrivés au vitelloducte transversal, passent sur ce canal (Pl. III, fig. 15, *cd*), circonscrivent la glande coquillère et continuent leur course en restant au-dessus des organes femelles. Parvenus à la hauteur de la ventouse ventrale, ils convergent l'un vers l'autre et se réunissent à la base d'une masse ovoïde, située un peu audessus de la ventouse, à laquelle on a donné le nom de poche du cirre. C'est là que commence la partie impaire de l'appareil évacuateur mâle.

Les tubes testiculaires ont une paroi propre très-mince (Pl. III, fig. 12, *p*), formée d'une membrane homogène, amorphe, qui possède de petites fibrilles longitudinales, paraissant être plutôt de nature élastique que de nature musculaire. Leur contenu varie d'aspect suivant qu'on l'examine à une plus ou moins grande distance de leur terminaison en cœcum. A leur extrémité inférieure on ne trouve que des cellules arrondies, de $0^{mm},015$ de diamètre, renfermant un gros noyau (Pl. III, fig. 12, *cm*) ; à mesure qu'on avance, leur nombre diminue et on ne trouve bientôt plus que des éléments possédant cinq ou six noyaux serrés les uns contre les autres. Plus loin enfin, vers l'endroit où les cœcums débouchent dans les canaux déférents, le protoplasma a disparu, les noyaux sont devenus autant de petites têtes de spermatozoïdes qui sont noyés dans une masse granuleuse formée des débris des cellules mères.

Les spermatozoïdes du *Distoma hepaticum* ont été décrits

pour la première fois par Siebold (1). Ils ont la forme habituelle de ces éléments dans presque toute la série animale.
L'extrémité antérieure dans le mouvement est renflée en
sphère et se termine par une longue queue filiforme, très-
mobile. Leur longueur totale est de $0^{mm},076$. Leurs mouvements très-vifs ne peuvent s'apercevoir que lorsqu'ils sont
un peu isolés de la masse granuleuse qui les entoure ; ils
cessent peu de temps après qu'on les a retirés de leurs
canaux. L'eau gonfle aussitôt la partie renflée, diminue sa
réfringence et abolit instantanément les mouvements.

Les canaux déférents ont une paroi beaucoup plus épaisse
que celle des tubes testiculaires ; les fibrilles qui la composent se colorent fortement par le picro-carmin, ce qui fait
croire à leur nature musculaire.

Vésicule séminale. On a vu que les canaux déférents,
arrivés au sac du cirre, se réunissent et donnent naissance
à un seul canal impair, renflé, la vésicule séminale. Cet
organe est fusiforme, plus large dans sa première portion et
contourné en *S* dans la partie inférieure de la poche du
cirre (Pl. III, fig. 17 et fig. 18, *Vs*). La grosseur de cette
vésicule varie suivant qu'elle est plus ou moins remplie de
sperme. Elle a une paroi assez épaisse, où l'on distingue
une couche continue de fibres musculaires à direction circulaire et des faisceaux de fibres longitudinales. On y trouve
des spermatozoïdes entourés d'une masse granuleuse. Chez les
individus jeunes et chez ceux qui ont accompli leur fonction
reproductrice, il n'y a pas de spermatozoïdes, mais seulement
le contenu granuleux. Jamais elle n'est complétement vide.

Canal séminal. L'extrémité antérieure de la vésicule séminale se rétrécit et donne naissance à un canal de $0^{mm},030$ de
diamètre, qui vient s'ouvrir, après un court trajet, dans la
partie terminale de l'appareil mâle. C'est le canal séminal
(Pl. II, fig. 8 ; Pl. III, fig. 17, *cs, cs'*). Ce canal a une paroi

(1) Siebold, *Die Spermatozoën der wirbellosen Thiere.* (*Muller's Archiv*, 1836.)

assez épaisse qui paraît n'être qu'une continuation de la cuticule revêtant la portion suivante. On ne peut y distinguer de fibres musculaires, aussi le nom de canal éjaculateur, que lui donne M. Sommer, ne peut-il lui convenir.

Autour de ce canal séminal on trouve un amas irrégulier de glandes unicellulaires. Ces cellules sont pyriformes, entourées d'une membrane très-mince. Leur extrémité pointue se continue par un canal très-fin, qui vient s'ouvrir dans le canal séminal. Elles sont incluses dans un tissu fibrillaire qui n'est que la continuation du tissu qui remplit les vides du sac du cirre. (Voyez Pl. II, fig. 8, et P. III, fig. 18, *gl.*)

Jusqu'ici on avait cru que l'intérieur du sac du cirre était rempli par des fibres musculaires et on n'avait pas remarqué ces formations cellulaires, que l'on doit rapprocher des glandes accessoires de l'appareil mâle, présentant dans la série animale une constance remarquable.

Cirre ou canal éjaculateur. Cette dernière partie de l'appareil mâle n'est qu'une simple invagination des téguments ; aussi lui retrouve-t-on exactement la même structure qu'à ces derniers.

Le canal éjaculateur est un tube cylindrique, long d'environ $1^{mm},2$ et large de $0^{mm},35$ et diversement contourné dans la portion supérieure du sac du cirre. Son extrémité inférieure est en continuation avec le canal séminal et sa partie supérieure se termine à l'orifice mâle en forme de fente, avec les bords duquel elle se continue.

La couche interne de ce tube est une couche cuticulaire épaisse et plissée qui renferme, comme la couche analogue des téguments, de petits aiguillons. Ces formations chitineuses sont limitées à la moitié inférieure de l'organe, celle qui est en communication avec le canal séminal. On les trouve disposées en rangées circulaires, la pointe étant tournée vers la partie inférieure du cirre. Ces aiguillons paraissent être de même nature que ceux des téguments ; leur forme cependant diffère de celle de ces derniers. Ce sont de petits coins, dont la base est très-large et qui s'amincissent bientôt, sans présenter d'élargissement.

Au-dessous de la couche cuticulaire se trouve une couche de fibres élastiques bien moins épaisse que celle des téguments, mais cependant très-distincte sur les coupes fines. Ce sont des fibres isolées, assez larges, dirigées perpendiculairement à la surface (Pl. III, fig. 18, *fe*). On trouve ensuite une couche de fibres musculaires circulaires et une seconde couche à direction longitudinale. Enfin, fait très-important, on reconnaît l'homologue de la couche cellulaire hypodermique dans un amas de cellules situées tout le long du cirre, autour des couches musculaires, cellules qui ont été confondues jusqu'ici avec les éléments glandulaires précédemment décrits.

Ce canal a pour fonction de produire l'éjaculation du sperme par l'orifice mâle.

Sac du cirre. La partie impaire des organes mâles, vésicule séminale, canal séminal et canal éjaculateur, se trouve renfermée dans une formation spéciale, le sac du cirre.

Cet organe a la forme d'un ovoïde dont la petite extrémité, tournée vers le bas, est située dans l'espace compris entre le tiers supérieur de la seconde ventouse et les téguments de la surface dorsale. Sa longueur dépasse 1 millimètre et sa plus grande largeur est de $0^{mm},8$. La direction de son grand axe est oblique de haut en bas et de la surface ventrale à la surface dorsale.

Sa paroi, très-épaisse, est formée de deux couches musculaires : l'une, interne, dont les fibres ont une direction circulaire perpendiculaire au grand axe de l'ovoïde ; l'autre, externe, dont les fibres ont une direction longitudinale, normale à la précédente (Pl. III, fig. 18).

La plus grande partie de ce sac est remplie par les organes étudiés précédemment ; le reste est comblé par un tissu fibrillaire, réticulé, dans lequel on distingue de rares fibres musculaires isolées.

Cet organe a pour fonction d'aider à la sortie du sperme par ses contractions.

Organes femelles.

Les organes femelles ont une composition plus complexe que les organes mâles. A l'appareil secréteur principal, l'ovaire, on trouve annexées d'autres glandes, qui fournissent à l'ovule des produits d'addition secondaires ; deux sont paires et ont été nommées vitellogènes ; une est impaire et médiane, c'est la glande coquillère. L'appareil évacuateur est toutefois beaucoup plus simple que celui des glandes mâles ; c'est un tube sinueux, venant s'ouvrir dans le voisinage de l'orifice mâle..

Ovaire. On a pris pendant longtemps pour l'ovaire de la Douve les deux glandes noirâtres, développées de chaque côté du corps : cependant Bojanus (1), en 1821, avait su reconnaître le véritable organe producteur des ovules et Siebold (2), en 1844, avait établi une distinction très-nette entre la glande germigène et les deux glandes sécrétant un produit d'addition, auxquelles il donna le nom de vitellogènes. Malgré les preuves les plus évidentes, l'erreur précédente se trouve encore reproduite dans la seconde édition du Traité classique de Davaine.

L'ovaire est une glande rameuse située dans la portion droite du corps, au-dessus du vitelloducte transversal, jusqu'où arrivent ses sinuosités inférieures, entre le vitelloducte longitudinal et le canal déférent du même côté ; il s'étend

(1) Bojanus, *Enthelminthica*, in *Isis* von Oken, 1821.
(2) Siebold, *Manuel d'anatomie comparée.* Trad. franç. 1re partie, p. 142 et suiv.

vers le haut environ jusqu'à la moitié de l'espace compris entre la glande coquillère et la seconde ventouse. Tout l'organe est appliqué contre la face ventrale du corps.

Les cœcums principaux, en nombre assez restreint, de six à douze, sont entourés à leur partie terminale par les grappes internes du vitellogène correspondant. Ils forment en général deux systèmes dont les troncs de réunion s'unissent en arrivant dans la région du canal déférent et donnent un conduit unique, qui plonge obliquement en dedans en se dirigeant vers la ligne médiane et arrive à la glande coquillère. En pénétrant dans cet organe, ce canal excréteur de l'ovaire s'amincit beaucoup. On a ainsi un systéme arborescent, dont le tronc est le canal excréteur de l'ovaire et dont les branches sont les rameaux de second et de troisième ordre terminés par des cœcums renflés.

Il peut arriver que l'ovaire, au lieu d'être situé dans la moitié droite du corps, se trouve dans la moitié gauche; quelquefois même cette glande est paire et symétrique. C'est ce dernier cas, très-exceptionnel, que Bojanus avait érigé en règle générale. Ce sont là des anomalies dont l'étude du développement peut seule donner une explication satisfaisante.

La paroi de l'ovaire (Pl. III, fig. 13, p) est relativement beaucoup plus épaisse que celle des testicules. Dans les cœcums terminaux, on peut facilement y distinguer trois couches. L'interne, couche épithéliale ovuligène, est une couche continue de petites cellules cubiques (Pl. III, fig. 13, $ép$) à gros noyaux et à nucléoles peu distincts. Ce sont les cellules de cette couche qui, en se détachant ou en proliférant, donnent naissance aux ovules primitifs. La couche moyenne, formant la paroi proprement dite de la glande, est une membrane fibreuse, devant renfermer des fibres élastiques. Enfin, à l'extérieur, on trouve une enveloppe assez dense, montrant de distance en distance de petits éléments cellulaires (Pl. III, fig. 13, *cc*). Cette couche n'est qu'une modification du tissu du parenchyme.

La couche épithéliale disparaît bientôt; la lumière des canaux est alors remplie par des ovules primitifs.

Ces ovules sont de grosses cellules nues, ayant de $0^{mm},015$ à $0^{mm},025$ de diamètre, renfermant une vésicule germinative et une tache germinative de grande dimension (Pl. III, fig. 13, *ov*). Souvent ceux qui se trouvent dans le canal excréteur, près de la glande coquillère, présentent très-nettement deux noyaux. La segmentation commence donc dans l'intérieur même de l'organe producteur.

Vitellogènes. Les glandes annexes de l'appareil femelle, auxquelles von Siebold a donné le nom de vitellogènes, sont constituées par un riche système de grappes occupant les deux portions latérales et au moins le cinquième inférieur de la partie postérieure élargie du corps. Ces grappes forment deux systèmes assez distincts, appartenant l'un à la surface dorsale, l'autre à la surface ventrale. Elles sont appendues à un système de canalicules, dans lesquels elles déversent leur produit, et qui, après s'être réunis pour former des conduits de deuxième, troisième et quatrième ordres, viennent déboucher dans un long canal qui occupe toute la partie latérale du corps, le vitelloducte longitudinal. Ce canal commence antérieurement au niveau de la ventouse ventrale, un peu plus bas que l'union du prolongement céphalique avec la partie postérieure du corps. Il augmente peu à peu de calibre en se rapprochant de la surface ventrale et atteint, au niveau de la glande coquillère, un diamètre d'environ $0^{mm},13$, qu'il conserve dans presque tout le reste de son parcours. Il descend parallèlement aux bords latéraux du corps et, arrivé un peu au delà du cinquième postérieur de la portion élargie, il se rapproche de la ligne médiane et s'unit à son congénère en formant un angle à sommet inférieur. Durant tout ce trajet, il reçoit alternativement les canaux excréteurs des grappes situées à la face dorsale et à la face ventrale. Les grappes ne s'avançant en deçà du vitelloducte qu'à la face dorsale, il ne donne du côté interne que des rameaux destinés à cette surface. Au niveau de la partie inférieure de la glande coquillère, il en part perpendiculairement un canal, qui s'avance vers la ligne médiane et s'unit à son congénère au-dessous de la glande coquillère. Au lieu d'un seul canal, qui part du vitelloducte longitudinal, on en trouve fréquemment deux, situés à peu de distance l'un de l'autre et se réunissant en un seul canal transversal après un court trajet. Au point d'union des deux vitelloductes transversaux, on trouve une dilatation qui varie considérablement de grosseur et de forme d'après la quantité de son contenu; c'est un réservoir habituellement pyriforme, qui reçoit de chaque côté, à la base, le vitelloducte transversal correspondant, et dont le sommet se prolonge en un canal qui est entièrement compris dans la glande coquillère (Pl. III, fig. 15, *Rv*).

Les grappes vitellines possèdent une paroi propre, hyaline, extrêmement mince (Pl. III, fig. 14, *p*). Leur contenu est formé de grosses cellules, dont la membrane est difficile à apercevoir, et qui sont remplies de petites sphères, très-réfringentes, de coloration brun-noirâtre (Pl. III, fig. 14, *m*). Les canaux excréteurs ont une semblable paroi, mais on n'y rencontre que des corpuscules libres, identiques à ceux que nous avons signalés dans les cellules des terminaisons en grappe. Le réservoir médian a une paroi un peu plus épaisse, mais ne présentant pas de traces de fibres musculaires.

Ce sont ces corpuscules colorés qui donnent à tout cet appareil glandulaire son aspect spécial. Chez la plupart des espèces du même ordre, on retrouve cette coloration brunâtre des vitellogènes.

La nature de ces corpuscules est encore très-douteuse.

Stieda (1), ayant cru remarquer que, chez le *Polystomum integerrimum,* ils ne se colorent pas par le carmin, les rapprochait des matières grasses. Il nous ont cependant toujours présenté une affinité très-grande pour les matières colorantes et, dans toutes les préparations, on les trouve colorés avant les autres éléments. Ils doivent plutôt être rattachés aux composés albuminoïdes.

Siebold, remarquant que le produit de ces glandes s'ajoutait à l'ovule primitif pour former l'œuf complet des Trématodes et des Cestoïdes, avait cru que l'ovaire de ces animaux ne produisait absolument que la vésicule et la tache germinatives, tandis que la masse vitelline était fournie par ces glandes accessoires, et leur attribuait ainsi un rôle considérable dans la reproduction. Si l'on observe cependant que de l'ovaire proviennent des ovules complets, possédant tous les caractères que l'on est habitué à trouver à ces éléments dans la série animale, noyau, nucléole et masse protoplasmique; si l'on voit que ces corpuscules ne participent aucunement au phénomène primordial de la segmentation, mais restent simplement appliqués à la surface de la masse blastodermique; si l'on se souvient enfin, que l'embryon cilié des Trématodes en sortant de l'œuf y laisse une sorte d'amas de granules dont l'aspect rappelle assez celui des corpuscules dont on parle, on est conduit à restreindre de beaucoup le rôle qu'on leur attribuait et à ne plus les regarder que comme un produit d'addition dont l'importance, quoique encore fort obscure, ne peut plus être considérée que comme secondaire. Si l'on avait à comparer la sécrétion de ces glandes et la place qu'elle occupe dans la constitution de l'œuf avec des analogues d'autres groupes, il serait plus rationnel de les rapprocher de la matière albuminoïde qui entoure le jaune de l'œuf des vertébrés ovipares. Le nom de

---

(1) STIEDA, *Anatomie des Polystoma integerrimum.* (*Archiv für Anat. und Physiologie,* von Reichert und Dubois-Reymond. 1870, p. 660.)

glandes albumineuses, glandes accessoires, conviendrait peut-être mieux à ces organes; celui de vitellogène implique une erreur, dont il est facile de se rendre compte.

Glande coquillère. Le réservoir des glandes précédemment décrites se prolonge en un court canal, qui s'unit bientôt au canal excréteur de l'ovaire. Au point où convergent ces deux conduits, on trouve un élargissement assez notable, d'où part un troisième canal flexueux, l'oviducte. Autour de cette dilatation médiane et de l'origine des trois conduits, on remarque une formation particulière qui a été longtemps passée sous silence et que Leuckart a décrite en lui attribuant le rôle de sécréter le produit qui forme la coquille des œufs et en lui donnant le nom de glande coquillère.

Malgré l'opinion contraire des autres observateurs, la glande coquillère a évidemment une membrane propre. Cette membrane est du reste très-visible sur les Douves éclaircies par la potasse, où elle prend la même apparence que la paroi du sac du cirre. En coupe, elle est mince et difficile à apercevoir; de nombreuses fibrilles la rattachent au parenchyme environnant.

L'appareil glandulaire est constitué par une quantité considérable de petites cellules pyriformes dont l'extrémité pointue se continue par un canal long et fin qui vient s'ouvrir dans l'espèce de vestibule où, d'une part, aboutissent les canaux excréteurs de l'ovaire et des vitellogènes et d'où, d'autre part, sort l'oviducte.

Ces cellules glandulaires, ou plutôt ces glandes unicellulaires, ont une enveloppe mince et transparente et un contenu finement granuleux. Elles sont disposées en couches concentriques, et leurs canaux excréteurs convergent en rayonnant vers la cavité centrale.

La sécrétion de ces glandes, prise dans le vestibule, se présente sous la forme de petites gouttelettes brillantes, incolores; elles se réunissent plusieurs ensemble, en se colorant, pour former de petites masses brun clair. Elles s'accolent alors à l'œuf et viennent former à sa surface une membrane continue.

Canal de Laurer. Du vestibule commun, où aboutissent les canalicules de la glande coquillère, part un quatrième canal, qui vient s'ouvrir à la surface dorsale des téguments. Ce canal a été décrit pour la première fois chez les Distomes par Siebold, en 1836 (1). Ce naturaliste avait fort bien vu son lieu d'origine dans les conduits des organes femelles, mais croyait que son autre extrémité débouchait dans les organes mâles, et qu'il établissait ainsi une communication directe entre les deux appareils sexuels. S'appuyant sur ce fait, il concluait à la possibilité d'une auto-fécondation chez les Trématodes. En 1830, Laurer (2) l'avait signalé chez l'*Amphistoma conicum* du bœuf, en ne lui attribuant aucune fonction bien précise. Dans son *Manuel d'anatomie comparée* (3), Siebold le considère comme un troisième canal déférent. Stieda le décrivit enfin plus exactement chez le *Distoma hepaticum* (4) et montra son indépendance complète d'avec l'organe mâle.

Le canal de Laurer (Pl. III, fig. 15 et 16, *cL*) commence au point de réunion de l'ovaire, de l'oviducte et du canal impair de l'appareil vitellogène; de là, il se dirige en haut et vers la face dorsale, où il vient s'ouvrir à peu près au niveau de la partie supérieure de la glande coquillère, après s'être contourné une fois sur lui-même.

Le diamètre de ce conduit est de 0^{mm},035. Sa paroi présente une grande analogie de structure avec les téguments, fait déjà signalé plus haut à propos de la terminaison des organes mâles, ce qui peut le faire considérer aussi comme

(1) SIEBOLD, *Die Spermatozoen der wirbellosen Thiere.* (*Muller's Archiv,* 1836.)

(2) LAURER, *Disquisitiones anatomicæ de Amphistomo conico,* 1830.

(3) SIEBOLD, *Manuel d'anatomie comparée.* 1re partie, p.145.

(4) STIEDA, *Beiträge zur Anatomie der Plattwürmer.* (*Archiv für Anat. und Physiol.,* von Reichert et Dubois-Reymond, 1867.)

une simple invagination des couches tégumentaires. L'épaisse
cuticule qui le revêt intérieurement est plissée et mesure
0^mm,013. On distingue nettement au-dessous les coupes des
fibrilles annulaires ; le système longitudinal est moins net.
Enfin, on reconnaît de suite la couche cellulaire hypodermique, avec tous les caractères que l'on est habitué à lui
trouver. La cavité centrale du canal est très-restreinte ; elle
a une forme étoilée, très-allongée ; l'orifice atteint à peine
0^mm,004.

La fonction du canal de Laurer, après avoir été bien dis-
cutée, reste encore fort obscure. Stieda le considère comme
le véritable vagin de la Douve, en admettant que le cirre pénètre dans ce conduit, suffisamment dilaté pour le recevoir.
Le fait que Blumberg (1) a trouvé ce canal plein de spermatozoïdes chez l'*Amphistoma conicum* semble apporter une
preuve à cette opinion. Cependant si l'on se convainc de la
grande disproportion qui existe entre ces deux organes ; si
l'on remarque que les spermatozoïdes pénètrent toujours
jusque dans le vestibule commun des conduits femelles ; si
l'on se rappelle enfin que ce canal n'a pu être découvert chez
un grand nombre de Trématodes, on arrive facilement à lui
refuser une importance aussi considérable. L'opinion que le
canal de Laurer joue le rôle d'une sorte de soupape de sû-
reté pour l'appareil vitellogène, qu'il sert à déverser le trop-
plein de la sécrétion de ces glandes accessoires, est certainement la plus rationnelle qu'on puisse se faire de sa fonction.

Oviducte. L'oviducte est un long canal fluxueux dont les
sinuosités remplissent la portion médiane du quart antérieur
de la partie élargie du corps. Son calibre varie beaucoup d'un
endroit à l'autre, suivant le nombre des œufs qui s'y trouvent. Sa situation exacte est assez difficile à préciser sur les
Douves adultes, parce que son contenu le distend tellement,
qu'il arrive jusque contre la surface dorsale ; toutefois, chez

(1) BLUMBERG, *Ueber den Bau der Amphistoma conicum.* Dorpat, 1871.

les individus de petite taille, où il est moins développé, on reconnaît très-nettement qu'il se trouve sous le tube digestif. Sa situation est donc originairement ventrale. Arrivé au-dessous de la ventouse postérieure, son calibre se régularise, ses parois deviennent beaucoup plus épaisses, il ne laisse plus passer les œufs qu'un à un et avec difficulté. On peut donner à cette portion modifiée de l'oviducte le nom de canal vaginal, pour la distinguer de la première. Ce canal se distingue toujours facilement sur des individus entiers à cause des œufs, qui le remplissent et lui donnent une coloration brunâtre.

La paroi de l'oviducte proprement dit varie beaucoup d'épaisseur suivant l'état de distension plus ou moins grande où elle se trouve. On lui distingue nettement deux couches. La couche interne est une membrane transparente, renforcée de fibres élastiques et laissant voir, par endroits, des éléments cellulaires peu distincts, formant une sorte de revêtement interne. La couche externe est formée de quelques fibres musculaires à direction circulaire.

Canal vaginal. Le canal vaginal (Pl. III, fig. 17, *cv*) a un diamètre sensiblement uniforme de $0^{mm},06$; il s'étend, en décrivant quelques sinuosités, de la partie postérieure et médiane de la seconde ventouse jusqu'à l'orifice femelle.

Sa structure est bien différente de celle de l'oviducte. Elle se rapproche de celle de la partie terminale de l'appareil mâle et de celle du canal de Laurer. La couche cuticulaire interne est épaisse et plissée, les deux couches musculaires sont bien distinctes et ont un développement assez considérable ; l'assise cellulaire hypodermique est très-reconnaissable. La lumière du conduit n'est pas suffisamment grosse pour laisser passer les œufs, aussi ceux-ci ne progressent-ils que lentement, poussés par les contractions péristaltiques des parois, et sont-ils obligés de distendre le canal pour se faire place.

Cloaque sexuel. Le cloaque sexuel est une sorte de cupule formée par l'invagination des téguments et située entre les deux ventouses, immédiatement au-dessus du point de bifurcation de l'intestin. Cette cupule est ovalaire, à grand axe transversal ; elle se trouve presque sur la ligne médiane, un peu déjetée du côté droit. L'extrémité gauche de l'ovale se trouve appliquée sur la partie supérieure de la poche du cirre ; on y trouve l'orifice sexuel mâle. L'extrémité droite reste plus superficielle ; l'orifice femelle, ayant la forme d'une boutonnière à direction longitudinale, vient y aboutir.

Ce cloaque a la même structure que les couches tégumentaires voisines et se continue sans démarcation avec elles. On lui trouve cependant en plus un système de fibres musculaires rayonnantes qui, partant des bords de la cupule, vont se perdre dans les téguments de la partie sous-jacente (Pl. III, fig. 17, *cl*).

Les différentes couches de fibres musculaires ont pour fonction d'ouvrir ou de fermer cet organe.

Œufs. Les œufs contenus dans les sinuosités de l'oviducte varient beaucoup de grosseur et d'aspect, suivant qu'on les considère plus ou moins loin de l'origine de ce canal évacuateur.

Les parties les plus proches de l'ovaire contiennent des ovules différant peu de ceux que l'on trouve dans le canal excréteur de ce dernier ; tout au plus y trouve-t-on accolés quelques corpuscules produits par l'appareil vitellogène. Plus loin, hors de la glande coquillère, l'aspect change. La segmentation a continué et a donné un petit amas sphérique de cellules embryonnaires, qui s'entoure assez rapidement d'un mince revêtement de corpuscules vitellins. La sécrétion visqueuse de la glande coquillère vient enfin former l'enveloppe.

Ces œufs complets mesurent alors $0^{mm},14$ de long et $0^{mm},07$ à leur plus grande largeur. Leur coque jaunâtre foncé bien-

tôt en couleur et devient d'un brun souvent très-sombre ; de
molle et malléable qu'elle était, elle devient dure et force
les conduits à se mouler sur elle au lieu de se prêter, comme
avant, à tous les changements de forme que nécessite la
progression. La forme de l'œuf est celle d'un ovoïde, dont la
petite extrémité passe toujours la première. Cette extrémité
porte un opercule rond qui se sépare facilement de l'œuf.
Plus tard, la coloration de la coquille et l'opacité du contenu en rendent l'étude plus difficile ; on arrive toutefois à
distinguer encore l'amas cellulaire ovoïde produit par la segmentation.

Fécondation.

Le mode de fécondation de la Douve du foie et des Trématodes en général a donné lieu à bien des hypothèses ; on
leur a attribué jusqu'ici tous les modes connus de reproduction.

La première opinion, qui eut cours longtemps dans la
science, est celle de l'auto-copulation. Le cirre, croyait-on,
jouait le rôle d'organe copulateur, de pénis, et s'introduisait,
par l'orifice femelle voisin, dans le canal vaginal, où il dé-
versait la liqueur spermatique. Si l'on réfléchit cependant
à la disproportion énorme qui existe entre le cirre et le conduit qui doit le recevoir, si l'on remarque que ce soi-disant
pénis, au lieu de se rapprocher de l'orifice femelle en faisant
saillie au dehors, se recourbe au contraire en avant et à droite
de manière à s'en éloigner, on se convainc facilement de
l'impossibilité d'une copulation dans les conditions où l'on
trouve ces organes.

Lorsque Stieda eut décrit avec soin le canal de Laurer

chez l'*Amphistoma conicum* (1), persuadé que les disposi-
tions qui viennent d'être énoncées devaient faire renoncer
définitivement à l'idée d'une auto-fécondation, il émit l'hypothèse que ce conduit devait être le véritable vagin de l'animal. Il y avait alors réellement copulation, le pénis d'un individu pénétrant dans le canal de Laurer d'un autre. On a
vu plus haut, en étudiant la disposition de ce canal, que cette
opinion n'était guère plus admissible que la précédente.

Du reste, si l'on étudie avec quelque soin le cirre, lorsqu'il
fait saillie, on est bientôt persuadé que l'on n'a sous les yeux
que le canal éjaculateur sorti par évagination du sac où il
était enfermé ; on lui retrouve en effet une structure identique, la disposition des différentes couches est seulement inverse ; enfin le revêtement d'aiguillons que l'on trouve à la
partie interne et inférieure du canal éjaculateur contenu
dans son sac, est alors situé à la partie externe et à l'extrémité supérieure du cirre.

De plus, si l'on examine avec précaution des Douves vivantes, on ne trouve jamais leur cirre faisant saillie à l'extérieur. Ce n'est que sur des individus presque morts, que la
moindre pression, la moindre influence extérieure fait sortir
cet organe. On ne voit toutefois jamais cet organe sortir
sans une action directe exercée sur la Douve. Les réactifs,
qui contractent les fibres musculaires, provoquent le même
phénomène. Lorsqu'on met des Douves dans l'acide chromique, dans l'alcool faible et même dans l'eau, au bout de peu
de temps, la plus grande partie nous montrent leur cirre
saillant. Il existe un grand nombre de Trématodes chez lesquels le canal éjaculateur ne peut faire saillie au dehors; il
faudrait alors refuser à ces derniers le même mode de fécondation qu'aux autres, ou admettre que l'accouplement a

____

(1) Stieda, *Ueber den angeblichen inneren Zusammenhang der männlichen
und weiblichen Organe bei den Trematoden. (Archiv für Anat. und Physiol.,*
von Reichert und Dubois-Reymond, 1871.)

lieu chez eux par simple juxtaposition des cloaques, comme chez les oiseaux.

L'hypothèse la plus probable, à laquelle on puisse s'arrêter, est celle d'une auto-fécondation directe sans copulation. Les faits semblent du reste confirmer cette manière de voir. On trouve, en effet, souvent des Douves dont le cloaque sexuel est complétement fermé par la contraction des fibres musculaires de ses parois; dans certains de ces individus on peut parfois reconnaître la présence, dans la cavité ainsi formée, d'une masse analogue à celle que l'on trouve dans la vésicule séminale, des filaments spermatiques entourés d'un produit d'addition finement granuleux. On peut donc admettre que le sperme, poussé par les contractions des fortes parois musculaires du canal éjaculateur, sort par l'orifice mâle, pénètre dans l'espèce de canal formé par le rapprochement des bords du cloaque sexuel et parvient jusqu'à l'orifice femelle situé à la partie déclive de la cupule. Il progresse ensuite peu à peu à travers les sinuosités de l'oviducte et arrive jusqu'au commencement de ce conduit évacuateur, à l'endroit où les œufs ne possédant pas encore de coquille sont tout prêts à subir son influence fécondante.

EXPLICATION DES PLANCHES

Planche I.

Figure 1. — Coupe longitudinale des téguments du prolongement céphalique.
Grossissement : 600 diamètres.

    c. Cuticule.

    fe. Couche de fibres élastiques.

    e. Écailles.

    mc. Couche de muscles circulaires.

    md. Coupe transversale des faisceaux musculaires diagonaux.

    ml. Couche de muscles longitudinaux.

    mp. Faisceaux musculaires du parenchyme.

    ce. h Couche cellulaire hypodermique.

Figure 2. — Écailles des téguments. Grossissement : 500 diamètres.

    A. Écaille vue par sa face supérieure.

    B. Écaille vue de profil.

    C. Coupe transversale d'une écaille.

    D. Écaille portant à sa partie inférieure un faisceau de fibrilles.

Figure 3. — Muscles longitudinaux isolés. Grossissement : 500 diamètres.

    f. ml. Fibres musculaires longitudinales.

    z. Éléments de la couche cellulaire sous-jacente.

Figure 4. — Coupe transversale du prolongement céphalique, faite un peu au-dessous de la jonction de la ventouse antérieure et du pharynx et passant par la commissure nerveuse supérieure. Grossissement : 180 diamètres.

    c. Cuticule.

    mc. Muscles circulaires des téguments.

    ml. Muscles longitudinaux des téguments.

    m. dv. Muscles dorso-ventraux.

    Ph. Cavité pharyngienne.

    b. ph. Bulbe pharyngien.

    c. sa. Cul-de-sac antérieur de l'infundibulum buccal.

    m. t. Sa couche musculaire transversale.

    m. lt. Sa couche musculaire longitudinale.

    c'. Sa cuticule.

    c. ap. Cul-de-sac postérieur de l'infundibulum buccal.

    m. nl. Masses nerveuses latérales.

    c. sp. Commissure nerveuse supérieure.

    d. v. Dilatations vasculaires du bulbe pharyngien.

    i. Intestin.

Figure 5. — Fibres-cellules contractiles.

    A. Grossissement: 300 diamètres.

    B. Grossissement: 600 diamètres.

    f. Fibrille contractile.

    p. Protoplasma.

    z. Noyau.

Figure 6. — Grosses cellules du parenchyme. Grossissement: 550 diamètres.

    n. Noyau entouré d'une mince couche de protoplasma.

    fm. Coupe transversale des fibrilles musculaires du parenchyme.

Figure 7. — Partie d'un tronc nerveux voisin des renflements supérieurs.

    fi. Substance fibrillaire.

    ce. Éléments cellulaires.

Planche II.

Figure 8. — Coupe longitudinale de la partie antérieure du corps. Grossissement: 250 diamètres.

    V. Ventouse antérieure.

    V′. Ventouse postérieure.

    cf. Coque fibreuse de la ventouse.

    fm. Couche de fibres musculaires méridionales de la ventouse.

    f. an. Couche externe de fibres musculaires circulaires de la ventouse.

    f. ra. Couche de fibres musculaires radiales de la ventouse.

    f′. an. Couche interne de fibres musculaires circulaires de la ventouse.

    sa. Saillies qui séparent les culs-de-sac de l'infundibulum buccal.

    c. san. Cul-de-sac antérieur.

    c. ap. Cul-de-sac postérieur.

    Ph. Bulbe pharyngien.

    m. éq. Sa couche de fibres musculaires méridionales.

    m. an. Sa première couche de fibres circulaires.

    m. ra. Sa couche de fibres radiales.

    m′. an. Sa seconde couche de fibres circulaires.

    p. ph. Muscle protracteur du pharynx.

    r. ph. Muscle rétracteur du pharynx.

    d. v. Dilatations vasculaires.

    pc. Poche du cirre.

    vs. Vésicule séminale.

    cs. Canal séminal.

    cs′. Sa continuation avec le cirre.

    ci. Cirre.

    cl. Coupe du cloaque sexuel.

    cv. Canal vaginal.

    cd. Canal déférent.

ov. Oviducte.

œ. Œufs.

p. Parenchyme.

c. sp. Coupe de la commissure nerveuse supérieure.

ct. Couches tégumentaires.

Figure 9. — Coupe tangentielle de la partie antérieure, faite au niveau des renflements nerveux. Grossissement : 250 diamètres.

    V. Ventouse antérieure.

    sa. Saillies qui séparent les culs-de-sac de l'infundibulum buccal.

    Ph. Cavité pharyngienne.

    dv. Dilatations vasculaires.

    œ. Œsophage.

    i. Intestin.

    cœ. i. Cœcum intestinal.

    csp. Commissure nerveuse supérieure.

    c. inf. Commissure nerveuse inférieure.

    c. ns. Masse nerveuse supérieure.

    n. v. Nerf de la ventouse.

    n_1. Premier nerf du prolongement céphalique.

    n_2. Deuxième nerf.

    n_3. Nerfs allant vers la poche du cirre.

    nl. Tronc nerveux latéral.

    p. Parenchyme.

    ct. Couches tégumentaires.

Figure 10. — Coupe longitudinale d'une branche de l'intestin. Grossissement : 500 diamètres.

    ep. Épithélium.

    mf. Membrane fondamentale hyaline.

    ml. Muscles longitudinaux de la paroi intestinale.

    mt. Faisceaux musculaires transversaux.

    cp. Cellules du parenchyme.

Figures 11. — Dilatations vasculaires.

    A et *B.* Grossissement : 580 diamètres.

    d. Corps de la dilatation.

    n. Apparence de noyau.

    n'. Apparence de nucléole.

    c. Canal qui part de ce dernier.

    C. Grossissement : 260 diamètres.

    D. Canalicule des couches sous-tégumentaires. 500 diamètres.

    m. Membrane très-mince.

    g. Corpuscules noircis par l'acide osmique.

Planche III.

Figure 12. — Coupe d'un tube testiculaire, peu avant sa terminaison en cœcum. Grossissement : 500 diamètres.

p. Paroi.

cm. Cellule-mère des spermatozoïdes avant la segmentation du noyau.

cn. Cellule-mère contenant un grand nombre de noyaux.

Figure 13. — Coupe transversale d'un cœcum de l'ovaire. Grossissement : 500 diamètres.

p. Paroi.

ce. Éléments cellulaires de la paroi.

ep. Épithélium.

ov. Ovule.

Figure 14. — Grappe terminale d'un vitellogène. Grossissement : 500 diamètres.

p. Paroi.

m. Cellules remplies de masses vitellines.

Figure 15. — Réunion des différents organes femelles dans la glande coquillère. Grossissement : 80 diamètres.

G. Glande coquillère.

Rv. Réservoir vitellin.

ov. Ovaire.

od. Oviducte.

cd. Canaux déférents.

cL. Canal de Laurer.

Figure 16. — Coupe longitudinale faite au niveau de la glande coquillère et montrant la terminaison du canal de Laurer. Grossissement : 250 diamètres.

G. Glande coquillère.

Rv. Réservoir vitellin.

cv. Son canal.

ov. Coupe du canal de l'ovaire.

od. Coupe de l'oviducte.

cL. Canal de Laurer.

o. Son orifice.

Figure 17. — Vue du sac du cirre. Grossissement : 80 diamètres.

V. Ventouse ventrale.

cd. Conduits déférents.

Vs. Vésicule séminale.

cs. Canal séminal.

ci. Cirre.

om. Ouverture mâle.

cv. Canal vaginal.

of. Orifice femelle.

cl. Cloaque sexuel.

Figure 18. — Poche du cirre. Coupe tangentielle. Grossissement : 250 diamètres.

Vs. Vésicule séminale.

p. Sa paroi.

ci. Cirre.

c. Sa cuticule.

fe. Sa couche de fibres élastiques.

fl. Sa couche de fibres longitudinales.

ft. Sa couche de fibres transversales.

ce. Couche cellulaire sous-jacente.

Nancy, imprimerie Berger-Levrault et Cie.

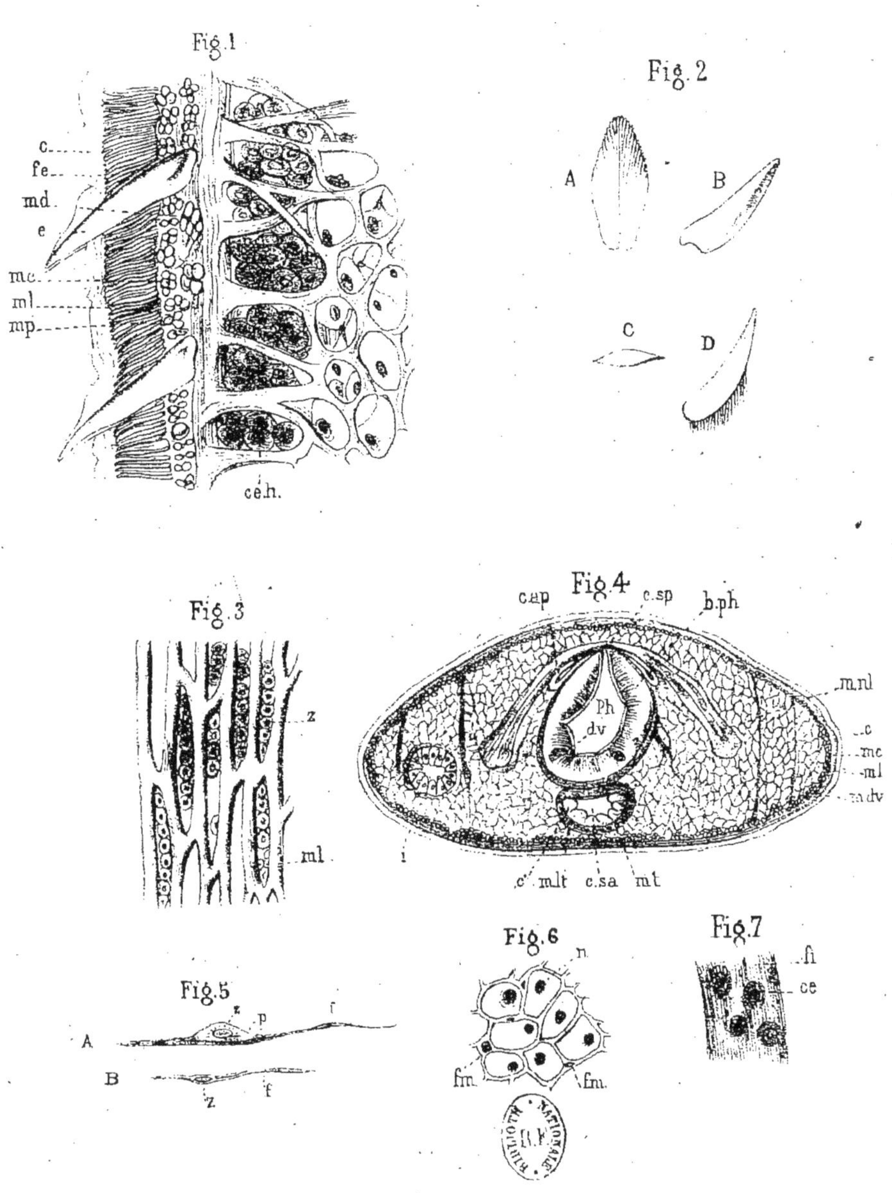

Anatomie du Distoma hepaticum

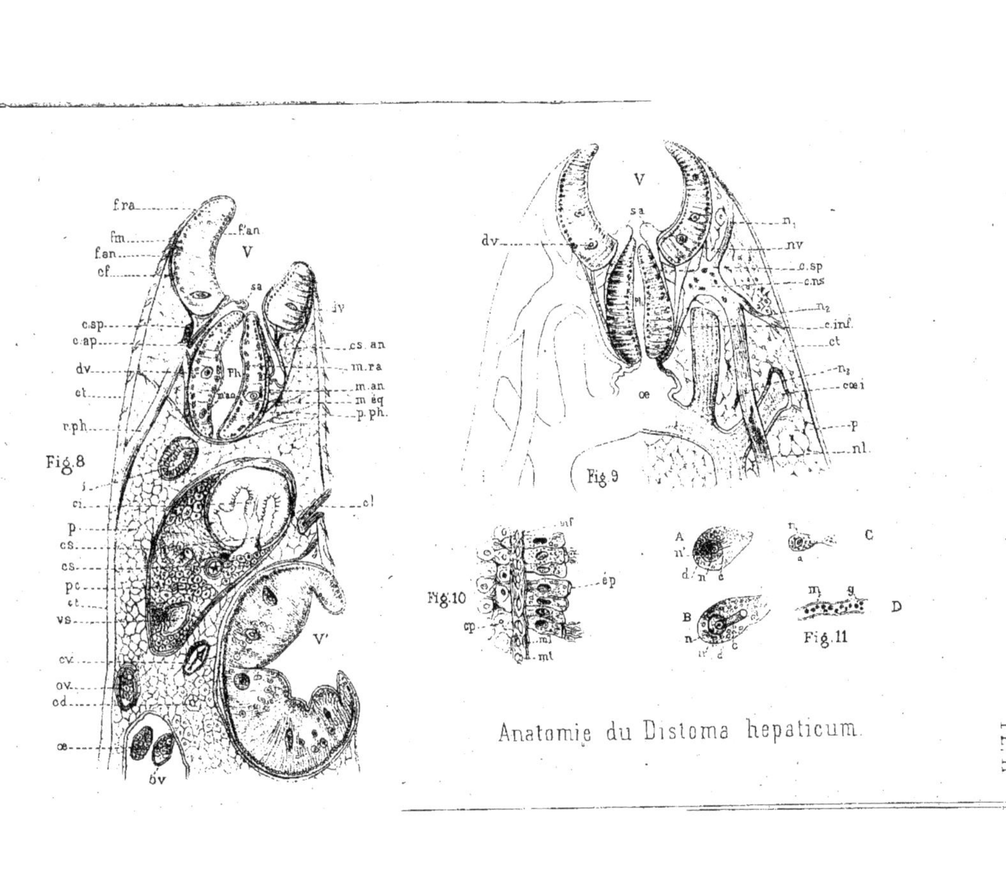

Anatomie du Distoma hepaticum.

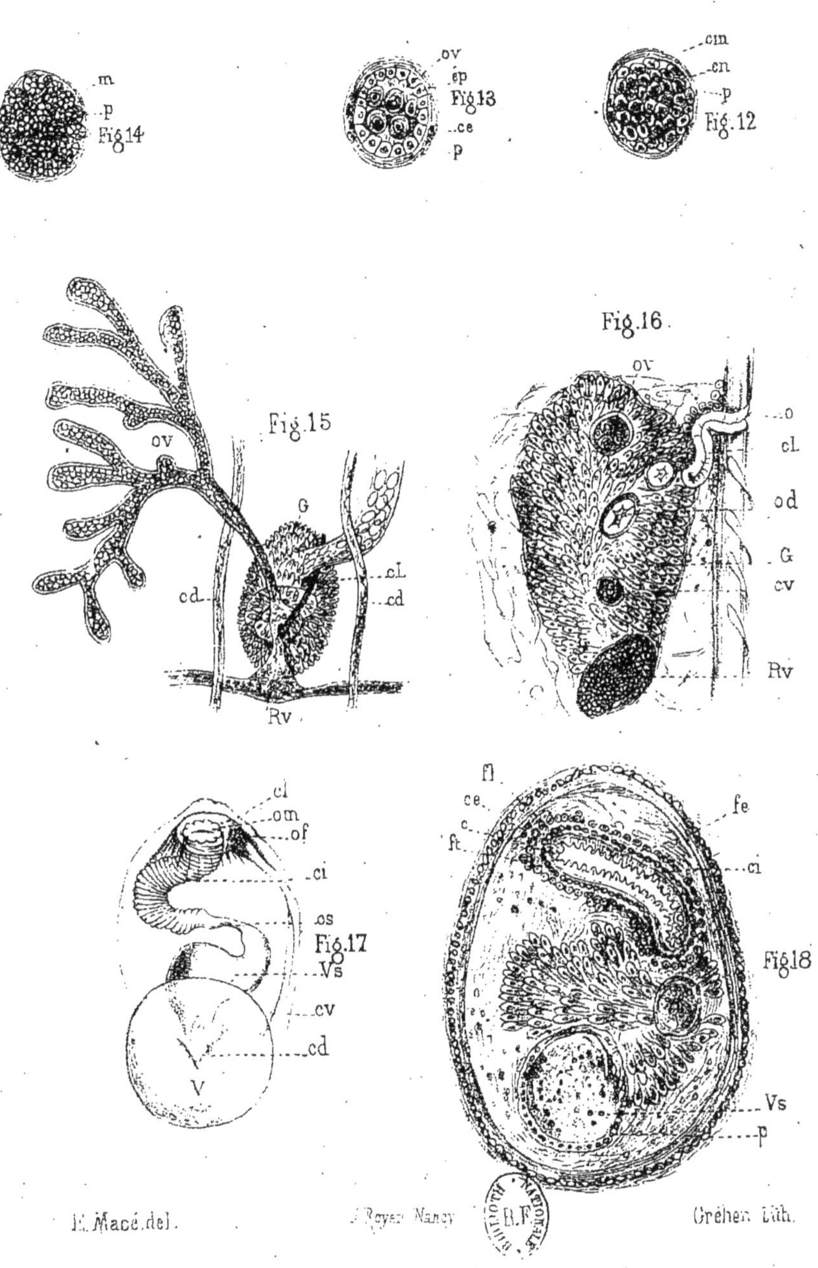

Anatomie du Distoma hepaticum.